信息化战争工程作战理论创新丛书

工程对抗论

主　编　李　民

副主编　王　钰　王　亮

参　编　范纪松　侯鑫明

　　　　赵利军　李　扬

国防工業出版社

·北京·

内容简介

本书从工程对抗的概念出发，从确立逻辑、作战力量、运动形式、内涵属性、背景属性5个维度，阐明工程对抗的概念内涵及外延。在此基础上重点介绍了工程对抗的基本特点、研究意义、地位作用，分析工程对抗的基本指导，梳理工程对抗的基本任务，阐释工程对抗力量和筹划，介绍工程对抗的装备技术，最后对工程对抗的发展趋势作了简要展望。

本书尝试从理论层面，对工程对抗活动进行系统的梳理分析，旨在科学确立工程对抗作战概念，推动信息化战争工程兵作战理论创新，以更好地诠释并创新工程作战活动，并借此抛砖引玉。

本书可作为从事工程兵作战理论研究的教研人员的参考用书，也可作为广大部队官兵等了解相关知识的入门读物。

图书在版编目（CIP）数据

工程对抗论/李民主编．—北京：国防工业出版社，2023.3

（信息化战争工程作战理论创新丛书）

ISBN 978－7－118－12724－9

Ⅰ.①工…　Ⅱ.①李…　Ⅲ.①工程保障　Ⅳ.①E151

中国国家版本馆 CIP 数据核字（2023）第 065316 号

※

国防工業出版社出版发行

（北京市海淀区紫竹院南路 23 号　邮政编码 100048）

北京虎彩文化传播有限公司印刷

新华书店经售

*

开本 710 × 1000　1/16　**印张** 9½　**字数** 155 千字

2023 年 3 月第 1 版第 1 次印刷　**印数** 1—1500 册　**定价** 75.00 元

（本书如有印装错误，我社负责调换）

国防书店：（010）88540777　　书店传真：（010）88540776

发行业务：（010）88540717　　发行传真：（010）88540762

总　　序

从南昌起义建军至今，我军工程兵在党的坚强领导下，走过了艰难曲折、筚路蓝缕的90余年，一代又一代工程兵官兵忘我奉献、锐意进取、创新有为，不断推动工程兵革命化、现代化、正规化建设迈向更高层次。站在新时代的历史方位上，这支英雄的兵种该往哪里走，该往何处去？

——理论创新是最首要的创新，理论准备是最重要的准备

“得失之道，利在先知。”以创新的理论指引创新的实践，是一个国家、一支军队由弱到强、由衰向兴亘古不变的发展道理。在这样一个特殊的历史节点，如想深化推进工程作战理论创新，需要自觉将其置于特定的时代背景下理解认识，这主要基于三个原因：

一是艰巨使命任务的急迫呼唤。以陆军为例，其使命任务包括：捍卫国家领土安全，应对边境武装冲突、实施边境反击作战，支援策应海空军事斗争，参加首都防空和岛屿防卫作战；维护国内安全稳定，参加抢险救灾、反恐维稳等行动；保障国家利益，参加国际维和、人道主义救援，参与国际和地区军事安全事务，保护国家海外利益，与其他力量共同维护海洋、网络等新型领域安全的使命任务。不论执行哪种类型的使命任务，工程兵都是不可或缺的重要单元和有机组成，理应发挥重要作用、作出应有贡献，该如何认识、怎么定位工程兵，需要新的理论予以引领支撑。

二是全新战争形态的客观必需。作战形式全新，一体化联合作战成为基本作战形式，作战力量、作战空间、作战行动愈发一体化；制胜机理全新，战场由能量主导制胜向信息主导制胜转变，由平台制胜向体系制胜转变，由规模制胜向精确制胜转变；时空特性全新，时间高度压缩、急剧升值，空间空前拓展、多维交叠，时空转换更趋复杂。工程兵遂行作战任务对象变了、空间大了、要求高了、模式换了，该如何看、如何用、如何建、如何训，需要新的理论予以引领支撑。

三是磅礴军事实践的强力催生。军队调整改革带来工程兵职能定位、规模结构、力量编成的巨大变化，其战略、战役、战斗层次的力量编成更加明确，作战工程保障、战斗工程支援、工程对抗和工程兵特种作战不同力量的职能区分更清晰，工程兵部（分）队力量编制的标准性、体系性、融合性和模块化更突出，工程兵作战支援和作战保障要素更加完善。如何理解认识这些新变化、新情况、新特点，在坚持问题导向中不断破解问题、深化认识、推动发展，这些都需要新的理论予以引领支撑。

——只是现实力求成为思想是不够的，思想本身应当力求趋向现实

我军工程兵作战理论体系一直以来都以作战工程保障为核心概念，主要是与机械化战争特点一致、与区域防卫背景匹配的理论体系。不可否认的是，该理论体系愈发难以适应信息化局部战争的新特点，军事斗争准备向纵深推进的新形势，陆军全域作战的新任务，部队力量编成的新要求。主要体现在：

一是难以主动适应战争发展。信息化战争形态的更替演进，使作战思想、作战手段、作战时空、作战行动和作战力量等都发生了近乎颠覆性的变化，工程作战从内容到形式、从要素到结构等都发生了深刻变革。比如，信息化战争中信息作战成为重要作战形式，工程作战必须聚焦夺取和保持战场制信息权组织实施；再如，信息化战争中作战力量多维聚合、有机联动、耦合成体，工程作战力量组织形态必将呈现一体化特征；还如，信息化战争中参战力量多元、战场空间多维，工程作战任务随之大幅增加，难度强度倍增，等等，对于这种全方位、深层次的变化需求，现有的理论体系难以完全反映。

二是难以完整体现我军兵种特色。新时代的工程兵，职能任务不断拓展，技术水平持续跃升，作战运用愈发灵活，嵌入联合更为深度，如组织远海岛礁基地工程建设与维护、海上浮岛基地工程建设与维护、远海机动投送设施构筑与维护；再如敌防御前沿突击破障开辟道路、支援攻坚部队冲击；又如运用金属箔条、空飘角反射器、人工造雾等实施工程信息对抗；还如对敌指挥控制工程、主要军用设施工程、交通运输工程、后方补给工程及其他重要工程进行工程破袭等，均发生了较大改变，现有的理论体系还难以集中反映，亟须重新提炼新的作战概念、架构新的作战理论。

三是难以有效指导部队训练。军队领导指挥体制、规模结构和力量编成改革后，工程兵部队领导指挥关系、力量编成结构发生重大变化，随之必然带来角色定位、职能任务、运用方式、指挥协同、作战保障等的重大变化，且这种变化还在持续调整之中，如何主动跟进适应这种变化，进而超前引领部队训练，亟须创新的理论给予引领。

四是难以让人精准掌握认知。现行的工程兵作战理论，如具有代表性的“群队”编组理论等，总体上还比较概略化、传统，缺乏实证奠基、定量支撑，且并非适用于所有背景、全部情况，导致部队在实际运用中还存在吃不透、把不准、没法用的情况出现，亟须通过创新理论体系、改进研究方法、合理表述方式，努力从根本上改善这种情况。

五是难以强化学科严谨规范性。现有的工程兵作战理论体系主要以“三分天下”的作战工程保障、工程兵战术、工程兵作战指挥“老三学”为理论基础，但“老三学”本身的研究范畴界限就并非十分清晰，研究视点上有重复、内容上也有交叉，很难清晰界划剥离，对于兵种作战学科视域内出现的大量新问题、新情况，亟须通过学科自身的演进发展进行揭示和解决。

——如同人的任何创造活动一样，战争历来是分两次进行的，第一次是在军事家的头脑里，第二次是在现实中

作战概念创新反映对未来作战的预见，体现这种理论发展的精华，是构建先进作战理论体系的突破口。创新工程作战的核心概念，以此来构建全新的工程作战理论体系，是适应具有智能特征的信息化联合作战的客观要求，是有效履行工程兵使命任务的迫切需要，是推进工程兵转型发展的动力牵引，恰逢时也正当时。

该书以“工程作战”概念为统领，围绕“工程保障”“工程支援”“工程对抗”“工程特战”四个核心作战概念，通过概念重立、架构重塑、内容重建，建构全新的工程作战理论体系。丛书编委会在全面系统地总结和梳理了近年来工程兵作战和建设理论研究成果的基础上，编著了《工程保障论》《工程支援论》《工程对抗论》《工程特战论》，形成了“信息化战争工程作战理论创新丛书”。其中，“工程作战”是具有统摄地位的总概念，可定义为“综合运用工程技术和手段实施的一系列作战行动的统称”。可从以下四个方面进一步理解：一是从行动分类来看，主要是工程保障、工程支援、工程对抗和工程特战；二是从作战目的来看，主要是为保障和支援己方作战力量遂行作战任务，或通过直接打击或抗击敌人达成己方作战意图；三是从作战主体来看，主要是作战编成内的军队和地方力量，其中，工程兵是主要的专业化力量，其他军兵种是重要力量；四是从根本属性来看，“运用工程技术和手段”是工程作战区别其他作战形式的核心特征和根本标准。应该说，“工程作战”这个全新作战概念的提出，既凸显了工程技术的前提性、工程手段的专业性、工程力量的主体性，又集合了工程领域所涵盖的“打、抗、保、援”等不同类型和属性作战活动的丰富意蕴。在研究内涵上，“工程作战”既基于工程兵，又超越工程兵。在研究视域上，其既有对共性问题的全面探讨，也有对个性问题的深度探究。在研究逻辑上，其从概念设计入手，采取自底向上和自顶向下相结合的思路整体架构作战概念体系，并以此推导出符合信息化局部战争特点、军事斗争要求和部队力量编成实际的全新工程作战理论体系。具体来看，“工程支援”是从传统的“工程保障”概念中分立出来的新概念，主要从战斗层面，研究相关的工程作战活动，而这里的“工程保障”更多的是从战略战役层面，研究相关的工程作战活动；“工程对抗”是从战略、战役、战斗三个层面，对基于工程技术所特有的对抗属性，将与敌人直接发生各种兵力、火力、信息力交互关系的工程作战活动进行全面阐析；“工程特战”是从联合作战的整体维度，对利用工程技术手段和力量所实施的特种作战行动（无论其力量主体是谁）进行的系统阐释。在研究内容上，从重新确立核心概念入手，逐层深入分析阐释信息化战争、体系对抗背景下工程作战的相关问题。在研究方法上，注重理论演绎、实证分析、量化分析相结合，力求使研究观点与结论更加科学合理。

“谋篇难，凝意难，功夫重在下半篇。”显而易见，确立新概念并尝试初步建构新体系，仅仅跨出了工程作战理论创新的第一步。若想彻底完成理论的嬗变，需要广大理论研究人员，给予接力性、持久性、批判性的关注，合力开创工程作战理论新局面、新篇章。

丛书编委会

二〇二二年十月

前　言

本书基于当前战争形态和作战样式加速演变、作战理论研究飞速发展、部队编制体制深度调整、军事装备技术改进创新的现状，紧贴工程兵部队新体制新职能新任务，以工程技术所特有的对抗属性和基因为切入点，瞄准战场和作战实际需要，创造概括“工程对抗”这一概念，用于统一描述这类具有鲜明对抗成分的工程作战活动。

“工程对抗”是在“工程作战”概念统摄下的全新工程作战核心概念，以工程技术和措施的运用为基础，以各军种工程兵力量为主体，融合于兵力、火力、信息对抗，成为一种极为特殊的战场对抗形式。之所以确立全新的工程对抗概念，不仅是因为工程作战活动在战场综合对抗中的重要地位和作用，也基于传统的作战工程保障越发呈现出的理论局限，更为重要的是，战场对抗形式、样态、内容等的加速演化，需要从理论层面，重新梳理内在逻辑，确立核心概念，构建理论体系，以更好地诠释全新的工程作战活动。

第一章是概述，介绍工程对抗的基本概念，分析了工程对抗的基本特点，阐释了工程对抗的研究意义，阐明了工程对抗的地位作用。

第二章是工程对抗指导，重点分析了信息主导、融入体系、主动综合、精确高效、统筹设计、技术支撑等基本指导。

第三章是工程对抗任务，阐释了利用工程技术和手段直接参与夺取战场制信息权，对现代交通体系重要设施进行隐蔽伪装和主动防护，采取工程措施有效阻滞并消灭机动、增援和退却之敌，运用立体设障手段对敌低空飞行器进行阻滞和打击，运用工程技术和手段对敌实施主动性火力“硬打击”，对己指挥与作战工程进行伪装防护以抗击敌软硬一体复合打击，在作战各阶段及时排除敌各类爆炸装置等基本任务。

第四章是工程对抗力量，分析了工程对抗力量构成和运用等。

第五章是工程对抗筹划，阐释了工程对抗筹划要求、筹划主体、筹划内容及筹划方法等。

第六章是工程对抗装备技术，分析了工程对抗装备技术发展的主要原则及基本要求等。

第七章是工程对抗趋势展望，阐释了工程对抗理论和技术持续创新发展，工程对抗体系日趋完善；兵种对抗属性逐步确立，相关专业力量建设、实战化训练改革日臻健全完善；日益融入体系对抗范畴，系统耦合增效更加显著等内容。

本书是作者团队近年来相关研究工作的提炼和总结，在编写过程中得到了陆军工程大学训练基地领导的大力支持，平志伟教授、邓云飞教授、侯立峰教授等也提出了宝贵的修改意见，在此一并表示衷心感谢。

由于编者的水平有限，本书在理论分析、观点阐释、论证分析、资料引用等方面，难免存在一些不足，恳请广大读者不吝赐教。特别是随着战场对抗方式和内容的进一步演化，必然会给工程对抗加入新的元素，激活新的成分，甚至是解构现有的理论，重塑新的理论体系，这些都需要广大读者贡献智慧力量，共同推动理论和实践发展。

编　者

二〇二〇年十月

目　　录

第一章 概　　述

不同的时代背景和历史条件，对战争活动和军队建设有着不同的客观要求和内在规定。提出并试图确立“工程对抗”概念，是力求从新的时空维度、社会环境、作战样态、使命任务、部队编制等方面，重新审视工程保障这个核心概念，认识工程兵这个重要兵种，既是特定的外部时空条件的催化与促动，也是军队、军种力量体系框架的约束与规定，更是工程兵兵种建设发展的主动选择使然。无论是从历史还是现实角度，都不应该再满足于仅对原有的工程保障理论体系进行局部调整、细节修补，而应该从核心概念、体系架构、逻辑关系、内容线索等方面进行整体设计，有些甚至实现近乎颠覆性的改变。工程对抗正是在这样的背景和前提下提出的，作为从传统的工程保障理论体系中演化出来的新概念，工程对抗所体现的是在核心概念内涵语法、语义和语用的变化，以及这种变化所折射出的对新体制下工程兵的角色职能、地位任务、价值功用的重新理解认识，因而需要对其进行持续深度的理论研究，以工程对抗概念的提出、确立，不断牵引和推动工程作战理论、工程兵兵种建设的创新发展。

概念是理论研究的起点。对于什么是工程对抗；工程对抗指涉的是哪类工程作战活动，具有怎样的特点属性，地位作用如何；确立工程对抗这个概念，会对工程作战、战场体系对抗以及兵种建设发展带来怎样的影响等一系列问题，都还没有形成一致的认识，需要系统深入地进行研究。

一、工程对抗的基本概念

克劳塞维茨在《战争论》中说："任何理论必须首先澄清杂乱的、可以说是混淆不清的概念和观念，只有对名称和概念有了共同的理解，才可能清楚并顺利地研究问题，才能同读者经常站在同一立足点上。如果不精确地确定它们的概念，就不可能透彻地理解它们内在的规律和相互关系。"理解"工程对抗"这个概念，应按照一般意义上的构词规则，厘清概念的内涵边界，清晰地界定其外延，以确定统一的研究起点。

"工程对抗"按语义结构可拆分为"工程"和"对抗"两个语素。首先，"工程"在《辞海》（2010 年版）中的定义是"将自然科学的原理应用到工农业生产部门中而形成的各学科的总称。如土木建筑工程、水利工程、冶金工程、机电工程、化学工程、海洋工程、生物工程等。这些学科是应用数学、物理学、化学、生物学等基础科学的原理，结合在科学实验及生产实践中所积累的技术经验而发展出来的。主要内容有：对于工程基地的勘测、设计、施工，原材料的选择研究，设备和产品的设计制造，工艺和施工方法的研究等"。[1]工程对抗中的"工程"则特指军事工程，即“土木工程技术和其他相关工程技术在军事领域应用所形成的一门综合性军事技术”。[2]其中的“综合性”，指的是军事工程既包括材料技术、机械技术、流体力学技术、爆炸技术、结构技术等工程专业基础技术，又包括防护工程技术、工程伪装技术、机动工程技术、障碍工程技术、给水工程技术、工程装备保障技术等工程兵专业应用技术，还包括战场感知、计算机网络、数据融合、卫星导航、航天遥感等现代信息技术。

其次，“对抗”在《辞海》（2010 年版）中有 3 种解释，即：①对立相持；②抵抗；③哲学名词，表现为外部剧烈冲突的矛盾斗争形式。[3]“工程对抗”的“对抗”这个语素，显然①③都无法予以对应，②也仅仅阐明了对抗的部分含义，即相对被动一方的行为主体所实施的防御、抗击等活动，以及由此而形成的活动状况和态势。关于“对抗”这个语词如何理解，可参照《中国人民解放军军语》（2011 年版）中关于“电子对抗”的定义，即“使用电磁能、定向能和声能等技术手段，控制电磁频谱，削弱、破坏敌方电子信息设备、系统、网络及相关武器系统或人员的作战效能，同时保护己方电子信息设备、系统、网络及相关武器系统或人员作战效能正常发挥的作战行动”。[4]这里，“使用电磁能、定向能和声能等技术手段”是电子对抗区别于其他对抗形式的必要前提，这是电子对抗所指涉的这类活动的共有属性，也是区别于其他对抗形式的本质属性；“削弱、破坏”主要依靠电子进攻；“保护”则主要依靠电子防御。对于进行电子对抗活动的同一主体而言，无论是对敌采取进攻性行动，或称为打击，还是针对敌之进攻性行动而采取相应的防御性行动，或称为抗击，都会与敌发生直接的交互作用关系。其中的“直接”，就是一方不经任何中间方、转接方或过渡方，即将兵力、火力或信息力的形式作用在另一方上，从而发生某种形式的相互联系；相应地，另一方则会将因应这种作用而作出的反应，不经任何中间方、转接方或过渡方，也将兵力、火力或信息力的形式作用在一方上，从而发生某种形式的相互联系。因此，“对抗”实质上至少包含两个不同向度的活动和过程，无论是打击还是抗击，都是敌我之间尖锐对立的行为和活动过程。

综合上述分析，可以把“工程对抗”定义为运用工程技术和手段实施工程打击或抗击的行动。从行动空间来看，工程对抗渗透多维、涵盖多域，既包括陆、海、（低）空等有形空间，也包括电磁、心理、认知等无形空间；既包括可观可感的自然物理空间，还包括无形无象的意识意向空间。从运用时机来看，工程对抗全程使用、全时作用，战前要构筑国防工程、阵地工事、指挥工程等重要设施，战中要完成大量、频繁、随机、艰巨的设（排）障、伪装、防护、爆破攻坚、工程破袭等任务，战后还要组织探排爆炸装置，为有效控制战局、维护战区稳定发挥重要作用。从任务内涵来看，工程对抗全谱作战、全向施效，既有着重在物理域发挥作用的工程兵力对抗、工程火力对抗，还有着重在信息域、认知域体现功用的工程信息对抗。从作战价值来看，工程对抗功能多元、效果多样，既能够毁敌兵器、击敌节点、滞敌机动、乱敌部署、挫敌锐气、扰敌决策，也能够抗敌打击、稳己体系、保己安全；既能够相对独立行动、自主发挥功效，也能够配合支援主战行动、强化扩张战役战术效果；既能够短促释能，发挥瞬时作用，也能够长期施效，发挥持续作用，等等。还可从以下几个方面进一步理解把握这个定义。

(一) 从成立逻辑来看，工程对抗概念得以确立的必要条件是“运用工程技术和手段”

如前所述，运用工程技术和手段是工程对抗区别于其他对抗形式的基本属性，因而也是工程对抗的必要条件(但非充分条件)，可以肯定的是，那些没有运用工程技术和手段所实施的对抗行为和活动过程不能归类为工程对抗。而许多工程技术和手段“天然”地就具有战斗效能、对抗属性，典型的有4类：①地雷、爆破技术和手段。该类技术和手段能够直接杀伤敌有生力量。地雷的情况相对简单，对其任何情形、任何条件、任何目的下的运用，都可以视作典型的工程对抗。爆破则相对复杂，需要分析其作用对象的工具性质。如果其作用对象是自然物或人工物，没有被敌方或己方赋予或附加明确的作战属性，那么对其所实施的爆破严格意义上不能称作工程对抗，比如在构筑和抢修道路时，遇到人工和机械难以作业的地段，可利用爆破法开挖道路路基，其中，土壤地段，可采用药洞法和药壶法进行爆破；岩石地段，除采用药洞法和药壶法爆破外还可采用药孔法进行爆破。又如在构筑直升机起降场时，可利用单个药孔爆破法清除各种孤石；当石块体积不超过5立方米时，也可将装药放在石块的坑凹处实施外部装药爆破。当岩石挖深较大时，可采用药洞法或药壶法进行爆破。[5]但如果爆破作用的对象是被敌方或己方明确赋予或附加作战属性的自然物或人工物，那么与此对应的作战活动都应归类于工程对抗，如野战构工设障中的开挖工事、车辆掩体平底坑，主要用于发扬火器威力、提高人员装备生存力，开挖漏斗坑、开设防坦克壕、断崖、崖壁，主要用于阻滞敌兵力兵器的战场机动。再如工程破袭行动中，对敌指挥和通信设施、交通设施、管线设施、兵器物资及工事的爆破等。②破障技术和手段。这类技术和手段包括地雷探测、人工扫雷破障、爆破扫雷破障、机械扫雷破障、电磁扫雷等[6]，“障”作“阻塞；遮隔”[7]讲，无论是清障，还是破障，抑或是除障，再或者是排障，运用这种技术和手段所实施的作战活动，大多与敌装备、器材、作战设施等发生直接的交互作用关系，理应归类为工程对抗。③野战筑城技术和手段。这类技术和手段是构筑野战筑城阵地工程体系的相关技术，主要包括野战工事设计和试验技术、筑城障碍物设障和破障技术、野战阵地工程规划技术、防弹遮弹技术、阵地构工技术、就便材料使用技术等。野战筑城所具有的防护、迟滞和杀伤效能，是弥补己方装备劣势、提高部队生存力不可或缺的重要手段。设置筑城障碍物、防弹遮弹等技术，其核心价值首要地体现在能否确保己方有效生存，发扬己方火力只能是较低层位的作战价值，从这个角度上说，运用这些技术和手段所实施的作战活动应视为典型的工程对抗。但如构筑直升机起降场起降坪、连接路及进出路等工程设施，其目的都是完善用于保障直升机顺利实施起降的基础设施，这一类型的作战活动更宜称为工程保障或工程支援。④伪装技术和手段。这类技术和手段即为达成隐蔽自己和欺骗、迷惑敌人的目的而采取的方法和手段，包括各种隐真、示假和干扰技术（主要指无源干扰技术）手段。这些技术和手段主要通过消除或减少目标和背景在光学、热红外及微波波段上反射或辐射电磁波的差别，以隐蔽目标或降低目标的显著性；模拟或增大目标和背景间的这些差别，以改变目标外形或构成假目标，本质上就是要把目标特征信息经过加工（消隐、污染、歪曲、复制等），使敌难以或无法有效侦测，可以归类为信息对抗[①]，而那些又同时属于军事工程范畴的伪装技术和手段，运用其所实施的作战活动即可被认为是典型的工程信息对抗[②]。

需要指出的是，一般意义上的人工设障都应纳入工程对抗范畴，比如各种人工设置的地面障碍、空中障碍、水面障碍、水下障碍等，但逆向的清障或者说排障，尽管其目的是确保己方顺利实施战场机动，主要为己方其他作战力量服务，但由于绝大部分的清障或排障过程，都必须与敌兵力兵器发生直接的交互作用关系，无论需克服的对象是以爆炸产生的能量杀伤有生力量、破坏武器装备的爆炸性障碍物，还是以形体或非爆炸能量阻止、迟滞敌行动的

---

① 信息对抗，即“目的是在网络电磁空间干扰、破坏敌方的信息和信息系统，影响、削弱敌方信息获取、传输、处理、利用和决策能力，保证己方信息系统稳定运行、信息安全和正确决策”（《中国人民解放军军语》，259 页，北京：军事科学出版社，2011）。伪装的目的恰恰是要使敌无法及时获取到己方信息，或者获取的是低质、瑕疵、无用的信息，使敌无法或难以有效分析处理，从而影响敌判断决策，这本身就是一种典型的信息对抗。

② 伪装是涵盖隐真示假、欺骗、佯动等多种方式和手段在内的作战活动，如示假中的佯动，即是作战计划的重要组成，通过对作战行动的伪装，配以实施佯动，可以达到更好的效果，包括兵力佯动、火力佯动、信息佯动等，显然，佯动既可以单个军兵种组织，也可以多军兵种共同参与，具体到工程对抗领域，这里的佯动应该是工程佯动，类型上可能涵盖兵力佯动、火力佯动、信息佯动的至少一种或多种。

非爆炸性障碍物，由于其对抗意味非常鲜明，也可以称其为工程对抗。比如，利用超宽谱高功率微波（high power microwave，HPM）能够覆盖大多数目标系统响应频率、与目标系统发生耦合可能性大、干扰和损伤效能高的突出特点优势，将其应用于扫雷将会有很好的应用前景。这里，高功率微波就是通过直接作用于敌各种地雷而产生杀伤破坏效果的，理应归类为工程对抗。但还要考虑下述几种情况：第一个是天然障碍物，主要是指对战场机动起障碍作用的地形地物，如江河、湖泊、陡坡、峭壁、堤坝、堑沟、水网稻田等；第二个是由于作战破坏而形成的断壁、残垣、废墟、弹坑[①]；第三个是需要爆破攻坚的城市建筑物；第四个是各种敌未爆弹药。上述 4 种需克服的对象，尽管有威胁，但如果没有明确的障碍意图，对于这些对象的克服，严格意义上来讲，不能称其为工程对抗，更宜称其为工程支援或工程保障。

此外，部分研究文献常常会把下面两种情形作为工程兵作战行动具有战斗效能、对抗属性的事实依据：第一种情形是在某些担负作战支援任务的工程装备上加装武器。比如英国陆军的“小猎犬”（Terrier）装甲战斗工程车配备了 1 挺用于自卫的 7.62 毫米机枪。再如美国海军陆战队装备的突击清障车（ABV），装有新型全焊钢制构架，以及最新的爆炸反应装甲（ERA）组件，主要为应对诸如装在火箭弹（RPG）上的高能炸药防坦克战斗部，以提供更高级

① 这里还要区分弹坑、街垒、废墟等是否为敌有意识地通过作战破坏而形成的，意图对我兵力兵器战场机动造成影响，如果有赋予或附加作战意图，则对这些弹坑、废墟等的克服，也应属于工程对抗，且无须考虑运用的是何种工程技术手段。

别的防护。在这种情形中，枪械或防护装置负责提供杀伤力和防护力，虽然也与敌产生直接的火力交互作用关系（机枪主要应对敌地面兵力、直升机等，爆炸反应装甲组件对应的是敌火箭弹），理应也是一种对抗行为，但这种对抗行为并没有内化为这些工程装备的核心功能属性（尽管自身防护也是装备的战技术指标之一）。也就是说，装甲工程车也好，突击清障车也罢，其核心功能当然不是看其能否进行火力对抗，而是要看其能否最终完成大量、频繁、艰巨且高风险的工程支援任务，如装甲战斗工程车，就要看其能不能完成在敌火下开辟通路、抢修军用道路、构筑坦克和火炮掩体等任务，其根本价值当然聚焦在“支援”上，或者说，由加装枪械、爆炸反应装甲等而产生的杀伤力和防护力上，其根本目的指向是确保完成工程支援任务，即便是为对抗电磁杀伤，在如战斗支援类工程装备上做相应的技术方法处理，包括壳体电磁防护改装、孔缝屏蔽加固改装、门或舱盖加固改装，更换电缆及电缆布局优化、加固通信设备及电源等，其技术本质也非工程技术范畴。为此，工程范畴的火力对抗应严格限定为对地雷、爆破等主要利用爆炸能量破坏物体和实施工程作业的技术手段的作战运用，不能将其指涉的范围不加限制地予以扩大，可以将上述情形理解为工程兵作战行动越发强化了对抗属性，具有对抗意涵，但没有对抗目的指向，通俗来说，即不是为了对抗而对抗。因此，严格意义上来说，不能将其称为工程对抗。第二种情形是将其他对抗形式及其对应的技术手段引入工程作战领域。如在美军工程兵学校的机构设置中，反爆炸物处理中心下辖有情报处、技术支援处和对抗干扰处，这里的对抗干扰处实则就是主要负责爆炸物引信对抗的职能部门，用于排除各型爆炸系统，尤其是对美国陆军安全威胁较大的简易爆炸装置。美国陆军也曾提出“非杀伤性火力”的概念，即“任何不寻求直接对意想中的目标进行物理毁伤的火力，并主要设计用来削弱、扰乱或迟滞敌作战部队、作战行动和设施等”（《陆军野战手册（1－02）－作战术语与图例》，2004 年 9 月）。其中就包括了简易爆炸装置（improvised explosive devices，IED）的电子干扰引爆器。尽管引信对抗属于通信电子战范畴，但与第一种情形不同的是，这里的爆炸物处理本身就是工程兵的重要任务之一，并且相当多的爆炸物是靠无线电遥控起爆的，因此，用哪种类型的技术来实施爆炸物处理并不重要，重要的是这里的技术应用造成的结果或者说最终目的，是有效地规避爆炸物的安全威胁，本质上就是与敌直接进行火力或障碍对抗，这实际上与地雷采用塑料壳电子引信，相应地可采取电磁扫雷技术（利用发射电磁波或模拟坦克车辆的磁特征信号以诱爆地雷，或直接以高功率电磁脉冲破坏地雷内部电路）与之对抗没有多少区别，因此可以将其称为工程对抗。

（二）从作战力量来看，工程对抗的力量主体是各军种工程兵专业部（分）队

考虑到是与敌直接发生对抗的暴烈性，实施工程对抗的力量主体必须是军队相关专业力量。从专业角度看，这个力量主体的主要部分理应是专职性、专门化的各军种工程兵专业部（分）队。当然，这并非意味着所有的工程对抗活动，都必须由各军种工程兵专业部（分）队具体实施

完成，一些情况下，工程兵作为技术骨干力量，指导或协助其他兵种专业部（分）队完成特定的工程对抗任务。如我海上航道战时可能遭到敌封控和破坏，陆军工程兵可协助海军实施海上航道扫雷、清障作业等。另一些情况下，其他的兵种专业部（分）队本身就能够担负特定的工程对抗任务。如美国陆军防御战斗中地雷场的设置，通常由工兵使用布雷车有规则地布设，不规则简易性雷场则由机步连战斗队或连人工埋设。还有一些情况下，某些特定的工程对抗任务必须由其他的兵种专业部（分）队自主实施完成。如现代坦克装甲车辆一般都采用防红外烟幕弹，能够有效影响红外探测及观察效果，降低红外制导武器的打击效能。俄军“窗帘” -1 红外电磁干扰系统在探测到入射激光的同时，也可以向激光来射方向发射红外干扰烟幕弹，在 3 ~5 秒内形成一道烟幕墙，使“陶”式、“龙”式等导弹及“铜斑蛇”制导炮弹的命中率降低 75% ~80% ，也使采用激光测距仪的火炮命中率降低 66% 。[8]

（三）从运动形式来看，工程对抗至少包含打击和抗击两个向度的内容

“打”既可以指纯粹意义上的进攻性行动，也可以指整体防御态势基础上的有限攻势行动；“抗”更多的是指防御性行动。工程领域的打击和抗击既有本质区别，也有紧密联系。比如，工程兵既可以利用工程破袭方式和手段，损毁敌作战体系的枢纽节点，影响敌体系作战能力发挥，也可以对己方作战体系的重要节点实施被动与主动相结合的工程防护，其所抗击的对象主要是敌情报侦察、远程精确火力打击或电磁脉冲、高功率微波武器的信息进

攻；既可以利用光学伪装方式和手段，减少和降低我重要军事目标暴露征候，以对抗敌全时空立体监测、高精度多维侦察、大数据智能分析，还可以利用有源干扰方式，主动影响敌光学观瞄设备，降低其使用效能，减少我目标暴露机会，隐蔽我真实作战意图，这些情况下，所谓的工程打击和抗击不再界限分明，可以说是打中有抗、抗中有打，打抗结合、攻防一体。最具代表性的例子便是工程对抗领域中大量出现的假目标、激光对抗、反无线电方式控制简易爆炸装置等，而这些工程对抗又同时被归类于电子战范畴，如美国陆军 FM3 - 36 野战条令《陆军电子战行动》中指出，所谓的"防御性电子攻击"，"即使用电磁频谱来保护己方人员、设施、能力和装备的电子攻击行动"，包括"使用消耗品（如闪光弹和有源假目标）、干扰器、拖曳式假目标、定向能红外对抗系统、反无线电控制简易爆炸装置系统的自我防护和其他防护措施"。这里的"防御性电子攻击"，是将"防御"这个根本目的与"攻击"这个基本手段有机地统一起来，是"通过破坏敌方利用电磁频谱进行攻击引导或触发武器，从而使友方免受致命的攻击"。这与"电子防护保护免受电子攻击的影响来自友方和敌方"[9]是有根本不同的。除打击和抗击外，在工程对抗领域中，是否还应有一种所谓的"中间态"军事运动形式，即所谓的"控制"，控制原本是指驾驭、支配和操纵，限制使在一定范围内[10]。军事运动范畴内的控制，其基本目的是使敌方丧失进攻、防御的信心和能力，进而操纵对方的心理和行为向有利于己的方向发展。在工程对抗中，除相对单向度的工程打击和抗击外，也常试图对敌方进行某种程度上的控制，主动营造有利于己的作战态势，这也使工程对抗视域内的军事运动形式更加多样。地雷的运用便是其典型的实例，地雷是指布设在地面或地面下，用于构成爆炸性障碍物的武器，主要包括炸履带防坦克地雷、炸车底防坦克地雷、炸侧甲防坦克地雷、全宽度防坦克地雷、爆破型防坦克地雷、破片型防步兵地雷、防步兵定向地雷、闪光爆震雷，以及理念和技术都十分先进的炸顶甲防坦克地雷、反直升机地雷等智能地雷。地雷是典型的极具对抗目的和意蕴的装备，尤其是对于外军，远程可撒布地雷是直接作为一种武器被大量频繁使用的，其中被充分放大的便是其直接对抗属性。它既可以用于直接杀伤敌有生力量、坦克装甲车辆等，也可以借此杀伤效能，以实现对敌机动线路的封锁，迟滞敌机动速率，迫敌改变行军线路，甚至是改变敌战术意图，同时还可以对己方作战区域翼侧进行保护，实现以较少兵力牵制敌较多兵力的目的。在海湾战争中，地雷迫使联军的地面进攻推迟了 38 天；在 2003 年的伊拉克战争中，伊拉克虽然兵力有限且准备仓促，但地雷也使美军在战争开始后的前 10 天损失了 25% 的装甲装备。此外，地雷还能对敌造成心理上的震撼、威慑和恐惧，从而有效削弱甚至在很大程度上瓦解其战斗力，产生难以估量的作战效果。在越南战争中，地雷迫使美军每天都要把机动道路清扫一遍，甚至不惜巨资研究在公路上喷洒沥青、塑料来对付越军设置地雷，对此，美军曾称：“就地雷的全部后果而言，不能单用伤亡这个词来计算，因为地雷在战争中慢慢灌输了恐怖情绪，使战斗力严重下降。”

（四）从内涵属性来看，工程对抗本质上区别于工程保障、工程支援和工程特战

这种区别的关键点在于两个方面：一是这种作战活动中与敌有没有发生直接的兵力、火力或信息交互作用关系；二是这种作战活动引发的前提是不是为了确保己方其他作战力量的机动、作战或者是稳定、安全。具体来看，如果己方运用的工程技术和手段，或者采取的工程措施，其核心目的指向的是保障或支援己方的主战力量来遂行作战任务，确切地说，是遂行那种与敌兵力、火力、信息直接发生交互作用关系的作战任务，如道路、渡场的构筑与维护，桥梁的架设和抢修，无人机起降场的修筑，沟壑跨越等，那么，这种工程作战行动严格意义上不能称为工程对抗，而应称为工程保障或工程支援。但如果己方运用的工程技术和手段，或者采取的工程措施，其核心目的指向并非保障或支援其他的作战力量，而是由敌的兵力兵器战场机动、火力打击、信息进攻等作战行动直接引发，这样的工程作战行动就应该属于工程对抗范畴。比如，反直升机地雷主要用于对付飞行高度在5～150米的直升机，要么是探测和摧毁敌方超低空入侵的直升机，要么是利用密集散布的反直升机地雷迫使直升机高飞，进入雷达探测区，暴露在我其他防空武器的有效射程之内，显然地雷对敌进行的就是直接的火力打击或火力威慑，打击或威慑的对象直接指向敌兵力兵器，其核心目的并非保障和支援己方其他作战力量，理应属于工程对抗范畴。事实上，一般意义的工程战斗器材，包括地雷、炸药包、扫雷弹药、点火器材等，本

身就属于主用弹范畴，与通常的杀伤弹、爆破弹、穿甲弹、碎甲弹、混凝土爆破弹等相同的是，都要直接参与对特定目标的杀伤损毁。需要指出的是，如在敌前沿一线，伴随一线作战部队实施开辟通路、抢渡江河、扫雷破障、快速布雷等行动，核心目的是支援一线作战力量的突击上陆，因而总体上属于工程支援范畴。但这并不是说这一行动中就没有工程对抗活动，比如，在登陆作战工程兵直前破障行动中，直前破障的主要任务就包括开辟通路、清障等，须运用破障艇、火箭破障车、火箭扫雷车、两栖破障系统等，主要采用爆轰破坏的方式，克服敌配系完善、隐蔽坚固的障碍物体系，这实际上就是典型的工程障碍对抗。总之，简要来说，工程对抗（包括工程特战）重在向敌，衡量其全部价值的核心在于能否达到有效打击敌体系或抗击敌打击的目的效果；工程保障或工程支援重在向己，衡量其全部价值的核心在于它能否为其他作战力量遂行作战任务提供支持性、保证性作用。

（五）从背景属性来看，工程对抗渗透于各种对抗级别和烈度的作战进程

可以按对抗级别和烈度区分为3个等次：一是处于敌火力直接威胁之下，典型的联合登岛作战的直前破障，岛上山地进攻作战和陆空边境联合反击作战时的开辟通路（定向地雷、爆破、火箭爆破器、火箭扫雷弹等），立体纵深攻防作战中的机动布雷、反直升机地雷，处于敌侦测、打击之下的国防工程、野战工事所实施的伪装防护，等等。二是敌处于战场机动过程中与敌的对抗活动，此时的火力威

胁较第一个等次低，典型的如低空、地面、水面、水下等的立体设障行动，主要用于迟滞敌战场机动，割裂敌战斗队形，营造积极有利的作战态势。三是战争后期的战场清理、维稳控局阶段，这个阶段的对抗程度下降到最低，典型的如敌各种简易爆炸装置的清理排除等。需要指出的是，有些工程对抗行动可能会横跨若干个等次，比如简易爆炸装置的排除、排（扫）雷等，在作战行动发起后的任何一个阶段都有可能承担这类任务，这种工程对抗的效果如何甚至能够显著地影响到后续作战行动的展开。当然，如果从更为宽泛的意义上来理解对抗，在战争准备阶段，如各型地雷、爆破技术、防护工程等的构思设计、研制开发、试验试用等一系列活动，都是以对抗需求为先导而引发的，所有的活动指向也都是聚焦在如何降低对抗成本、增强对抗效果、确保对抗胜利上。

二、工程对抗的基本特点

工程对抗是一类非常特殊的工程作战活动，它有着特定的内涵指向，呈现出不同的运动形态。正确理解工程对抗，还可以从它与工程保障、工程支援、工程特战的区别联系，与其他形式的对抗活动的区别联系中进一步加深认识。其基本特点体现在 4 个方面。

（一）运用层级的贯通性

这主要是取决于工程对抗极为特殊的任务属性。具体可从 3 个层面来分析：首先在对抗主体上，工程对抗的具体组织实施主要是依靠工程兵部（分）队以及其他专业力量，但很多时候是由战略或战役级指挥机构进行作战筹划，比较典型的有伪装和防护两个作战领域。伪装，既包括战略级别的伪装，也包括战役战术级别的伪装，俄军就高度重视战役伪装问题，组织实施战役伪装时，通常由最高统帅部和总参谋部对战役伪装集中指挥。比如在2008年的俄格战争中，俄罗斯格鲁吉亚双方都特别关注战役伪装问题，均根据强制性运用战役伪装的要求来制订战役计划。在俄军看来，战役伪装可确保现有兵力兵器的编成，兵团和部队前出的路线及其行动的方向及赋予的任务；格军则对战役伪装给予了最充分的重视，并在此基础上拟制了自己的战役计划，用于增强武器装备的能力，直接准备入侵，缩短变更战略部署的规模和时限，以及确保首次打击的突然性等。防护，既包括对首脑工程、枢纽工程等的防护，也包括对单台、单机、单车等的防护。其次在对抗客体上，工程对抗的客体既有敌作战体系中的某类要素，又甚至包括敌整个作战体系，如防护工程所需要抗击的对象，既包括敌各种维度、不同类型装备所构成的庞大情报侦察体系，以防止被敌及时观测、有效捕捉、精准定位，又包括对抗敌信火打击体系，以防止被敌远程精确火力毁瘫，电磁脉冲炸弹、高功率微波武器等摧毁。最后在对抗效果上，战术级别的工程对抗至少会产生战术级别的对抗效果，比如，布设一定范围、密度的雷场，以阻滞敌战术力量实施战场机动。但在某些特定情况下，战术级别的工程对抗往往能够产生战役甚至战略级别的对抗效果，比如，在诺曼底登陆战役中，盟军采取一系列战略欺骗计划，如设置了大量的假舰艇、物资器材堆集场，燃烧废旧轮胎制造浓烟等，作为实施战略欺骗的重要方式和手段之一，达到了很好的作战效果，使德军错误地认为并确信加莱是登陆的主要方向。再如，俄军“白杨－M”战略弹道导弹的充气式假目标，能够比较逼真地模拟出真实目标的光学、红外和雷达波特征，其中，红外模拟是通过电动式、接触反应式或充气式的发热组件完成的，雷达特征是通过无线电反射纤维进行模拟的，可有效模拟真实目标的各种特征参数，并用这些假目标布设假阵地，以对抗敌侦察设备和武器制导系统。尽管其设置运用仅能算作战术级别，但其对抗效果是具有战略性意义的。还如，在海湾战争中，多国部队为欺骗迷惑伊拉克军队，曾在科威特海岸实施扫雷破障，以实际的工程作业制造即将实施登陆的假象，采取工程佯动措施，有效地干扰了伊拉克军队的战场感知和指挥决策。

（二）适用类型的多样性

这主要是取决于工程技术所具有的功能综合性。工程对抗是融兵力对抗、火力对抗和信息对抗于一体的综合性对抗形式。其中，兵力对抗重在通过运用立体设障、区域封锁等工程技术、手段和措施，割裂敌战斗队形，阻滞敌战场机动，减煞敌进攻锐势，阻断敌后撤退却，是夺占有利空间位置、主动塑造陆战场态势的重要内容；或者，重在利用各种清障、排障手段，扫除敌人工设置的各种爆炸性和非爆炸性障碍系统，为己方保全作战力量，顺利实施作战行动，确保自身安全创造有利条件、提供重要保证。火力对抗重在通过运用地雷、爆破、破袭等工程技术和手段，利用爆炸性装置产生的复合杀伤效应，直接歼敌有生力量，毁敌重要目标，瘫敌作战体系。信息对抗通过伪装、工程佯动、无源干扰、信息破袭等工程技术和手段，干扰、破坏敌信息和信息系统，影响和削弱敌信息获取、传输、处理、利用和决策能力，同时保证己方信息系统稳定运行、信息安全和决策正确。此外，某些工程对抗活动的技术和手段运用非常灵活，典型的如地雷，它是一种非常特殊的工程弹药，并非完全靠即时性、瞬时性的爆轰产生杀伤效果，而是经布设后无须人员值守，只需等待目标接触或接近时开始施效，可在较长时间内发挥作用。一般来讲，地雷主要发挥3种功能，即防护性、战术性、扰乱性。防护性雷场可以保护己方侧翼，对敌接近、渗透发出警示、产生震慑；战术性雷场可直接限制敌战场机动，特别是能够显著降低敌机动速度，或诱使其进入己方重火力圈；扰乱性雷场通过干扰、延缓、削弱或摧毁敌支援行动，破坏敌体系协同，使敌难以发挥整体合力，敌不得不牵扯耗费大量精力加以应对，实际上相当于增加了对抗强度，拉长了对抗周期，增强了对抗效果。

（三）施用筹划的全局性

这主要是取决于工程对抗是战场体系对抗的有机组成部分。体系对抗强调全局观念、全局意识和全局眼光，钱学森指出："在人类的全部实践活动中，没有比指导战争更加强调全局观念、整体观念，更强调从整体出发，合理地使用局部力量，最终取得最佳的整体效果的了。"[①] 再来看看工程兵，美军在2014年版《工程兵作战行动》条令中强

① 钱学森. 论系统工程［M］. 上海：上海交通大学出版社，2007：20.

调，在任何层面忽略工程兵的作用，都会对整个作战行动的实效产生不良影响。工程参谋人员必须参与到战争各个层级（战略、战役和战术）的作战行动计划过程中。从这个意义上讲，工程作战行动关涉联合作战全局、属性功能超出战役战术幅域，而与工程保障、工程支援和工程特战相比，很多情况下，工程对抗的筹划层级相对更高。以战略伪装为例，美国军事专家惠利统计，在1914年至1979年的93场战略性交战中，共有76场交战在战略上采取了伪装措施，并且全部达成了战略突然性；[①] 在诺曼底登陆战役中，盟军所实施的“坚韧行动”计划，就是以“护卫行动”为掩护的6个主要欺骗计划和36个子欺骗计划构成，被誉为史上最大规模、最为复杂的军事欺骗行动。显然，在这个庞大的军事欺骗行动中，盟军工程兵所实施的工程对抗活动，必然是其前后相继、环环相扣的欺骗计划中的重要内容，与其他行动一道服从服务于整个盟军的战略行动，其设计筹划必然有极高的站位、极远的预见、极深的洞察。当然，这里的全局性也并非仅仅指筹划层级，而是指任何一个作战层级，哪怕仅仅是战术层级，也要充分考虑全局性要求，尤其是在体系对抗向下发展、联合战斗日渐凸显的趋势下，战术级别的指挥员也理应具有全局整体观念，自觉站在更高的层级来思考谋划作战问题。具体到实施工程对抗活动的战术级指挥员，也应充分发挥主观能动性，准确理解战役指挥员的意图和决心，创造性地贯彻执行上级的命令指示，自觉站在战略战役全局

① 徐波，《战略伪装与“情节”设置 以可能性为前提伺机而动》，载于《解放军报》2004年8月25日第11版。

综合研判情况，合理区分任务，协调使用力量；科学把握对战略战役全局具有决定性意义的枢纽点关节点，据此来正确部署指挥部队行动。

（四）使用主体的广布性

这主要是取决于工程对抗实施主体的军兵种属性。如前所述，实施工程对抗的力量主体是工程兵。就我军而言，不仅陆军有工程兵，空军、海军、火箭军以及战略支援部队都有各自的工程兵专业力量。与工程保障相似，但与工程支援不同的是，工程对抗在各军种工程兵的作战行动，甚至是其他兵种的作战行动中都有着充分的体现。如火箭军，可开发高效能、宽频带的电磁波吸波-屏蔽材料，消除或降低导弹阵地的电磁干扰，减少阵地的电磁泄漏，提升地面武器系统和重要军事目标的生存能力。此外，考虑到军队体制编制和力量结构的不同，有些工程对抗职能和任务不仅仅限于工程兵来承担。如伪装主要在于挫败敌方侦察和攻击平台上观瞄设备的目标捕获，降低传感器的作用距离，达到确保生存的基本目的。在西方国家军队中，不单独编设伪装部分队，而是把伪装作为各军兵种部队的通用任务，美国陆军在野战条令中把伪装单独成册用于约束全军，并强调指出“伪装与火力、机动及战斗任务同等重要。伪装是每个士兵职责的组成部分”。“生存是我们的目标，指挥官必须提醒每名士兵牢记伪装与生存息息相关。”从这个角度来看，伪装更应该被视为体系对抗视野内的“大伪装”，这也正说明，利用工程技术和手段所实施的伪装，作为典型的工程对抗，相较于工程保障、工程支援及工程特战，使用主体类型更多、覆盖范围更广。

三、工程对抗的研究意义

工程对抗所指涉的这类工程作战并非新鲜事物，甚至是从工程兵这个兵种出现开始，就已经具备了对抗的基因，攻防技术的发展历程就是一个例子，“当大炮在使用中变得更为安全，在制造时变得更加便宜，因而也更为寻常时，作为对抗炮火的要塞和城堡，从设计上来说，必须跟上变化的节奏”。[12]但用“工程对抗”这个术语来指称这一类活动，还仅仅是在近些年的学术研究中才频频出现的。至少可以说，工程对抗作为一个语词或者概念的提出，是由于传统的工程作战理论体系体现出一定程度的不足和缺陷，有些工程作战活动用传统的作战概念难以合理圆满地予以解释。深入系统地研究工程对抗，无论是对推进工程作战理论创新，还是对指导工程作战实践，都具有重要的理论和现实意义。

（一）军事斗争准备实践的迫切需要

理论是实践的科学总结、抽象升华，它必然来源于实践，且高于实践又指导实践。但就军事领域而言，往往是实践发展大大快于理论变化，因而造成理论在某些情形下难以正确有力地指导实践发展。在传统作战模式下，作战力量梯次部署，作战行动线式展开，前沿纵深区分明显，进攻防御界限清晰，工程作战行动主要围绕保障合成军队作战行动组织实施。在信息化战争时代，非线式、非接触、非对称作战成为基本作战样式，敌我双方都处于直接的火力威胁之下，面临着各种类型、不同程度的打击威胁，所谓前方、后方、交战线、分界线等传统的静态作战概念已经逐步淡化模糊，今后的作战对于双方而言，几乎没有哪类目标，或是哪个地域是处于绝对意义上的安全范围。以陆军为例，实现全域作战型转变，就是要通过部队编制调整优化和武器装备更新换代，逐步使陆军作战力量能在多域遂行多种任务，既可在作战责任区进行机动攻防，也可跨区甚至越境展开行动；既可以利用公路、铁路进行力量输送，也可以使用大型运输机、舰船远程投送；既可以组织兵力、火力在有形空间快速移动、迅猛突击，也可以组织信息力量在无形空间分散聚合、协同攻击。陆军或者陆战场作战行动的这种大跨度转变正是基于战场体系对抗机制、陆战场制胜法则的颠覆性变化。同时，随着军事工程技术的迅速发展，不断赋予战场综合对抗新的内涵意蕴。许多工程技术早已超越单纯保障或支援的范畴，逐步转变为与敌直接发生兵力、火力和信息交互作用关系的作战行动。比如，在未来陆战场上，直升机（攻击直升机、勤务直升机等）等低空飞行器的运用将越发频繁，也必将成为己方最大的安全威胁之一，苏联军队即认为，“未来战争若不使用大量直升机部队，注定要失败”。传统的高射机枪尽管设置灵活，能利用地形地物隐蔽，但威力不够，难以有效毁伤具有较好防护装甲能力的现代武装直升机；中小口径高炮以连为单位设置，可由雷达指挥仪控制自动瞄准射击，一旦发现目标，全连齐射，火力猛烈，但对付超低空目标还存在难以发现目标、反应偏慢、易被敌火压制等问题；单兵防空导弹的目标射击则存在避开阳光干扰、射击角度变化范围窄、发射阵地条件要求高、射高范围有限制等问题。对于武装直升机主要活动的 50m 以下空域的防御空白，反直升机地雷恰恰能够发挥优势，其具有成本低、作战效能高、布设后无须管理、隐蔽性好等优点，成为对付武装直升机等低空飞行器的有效装备。并且，这些地雷都具备自毁、自失能功能，基本不会产生战后遗留问题。对于这些具有明显对抗意蕴的工程作战行动，如果还用偏被动、偏从属甚至是偏边缘的保障或支援概念予以指称，那么恐怕难以正确地反映实践的发展变化，当然也就无法有效地指导客观实践。反映最为直接的便是工程对抗技术的发展，就必须用对抗的观点来认识和理解，简单地说，就是敌我双方相互促进、此消彼长、螺旋上升，一种进攻性技术和手段的产生，必然引发一种防御性技术和手段的出现，也必然预示着更具杀伤力、更有破坏力的进攻性技术和手段的孕育。比如，反坦克地雷作为一种爆炸性障碍物，在近现代战争中曾被广泛使用，取得了非常好的作战效果。到目前为止，反坦克地雷的作用方式都是对目标实施硬毁伤，直接攻击坦克装甲车辆的行走机构或防护装甲，并杀伤车内人员和设备。为了对抗地雷和其他反坦克弹药的攻击，坦克装甲车辆在不断提高运动速度的同时，更加重视提高装甲防护能力，出现了主动反应装甲、陶瓷装甲、贫铀装甲、多层间隔复合装甲、隔栅装甲等，车体结构也发生了重大变化，如采用 V 形车底和悬挂座椅，以保护乘员安全等。由于地雷的特殊作战使用要求，其结构、尺寸和质量都受到一定限制，如果一味地提高其战斗部的破甲威力来对付越来越坚固的装甲，将大大增加技术难度和研制成本。这时，瞄准坦克装甲车辆的薄弱环节，通过攻击其电子设备，使坦克装甲车辆失去火力控制、指挥通信和动力能力，以达到动力窒息、信息毁瘫等目的的新型电磁脉冲地雷也就应运而生，从而推动对抗进入新的层次和领域。

（二）兵种建设深化发展的现实需要

作为实施工程作战行动的力量主体，工程兵长期以来被视为纯粹意义上的作战保障兵种，其核心价值体现在为主战兵种遂行任务提供必要的条件保证。尽管较早的时间就已经有观点把工程兵视为集战斗和保障于一体的兵种，但这些观点没有明确阐释战斗和保障具体的内涵指向。近年来，关于重新认识工程兵作战属性的呼声越发高涨，已经有观点鲜明地提出将工程兵向战斗化转型。应该说，工程兵兵种建设已经处于一个新的历史发展方位，需要对发展趋势、走向、目标、路径等进一步提高站位、统一认知。关于什么是战斗化，什么是与保障或支援概念相对应的战斗化，可从两个维度进行理解：一是惯常意义上的战斗化，就是要让工程兵部分地具有与主战兵种相同的战斗功能属性，或者是在原来的基础上进一步强化这种属性。例如，在伊拉克战争中，美军数字化机步师在夜袭萨迈拉城时，将工兵力量大量配属到连、排甚至是班一级的战斗分队，以增强各级战斗分队的战斗力。美军工程兵战斗条例明确规定："工程兵的任务之一是在必要时执行战斗任务。"要求工程兵应具有步兵的基本战术知识，并为执行战斗任务组织训练。又如，俄军也认为工程兵既是一个保障兵种，又是一个战斗兵种，并应强调工程兵的战斗性。再如，英军工程兵因为历史形成的传统而有着向多技能、专家型发展的要求，工程兵必须精于建筑，懂得维护，新兵入伍时就面临18种专业技能的选择培训，有时还要求掌握爆破、潜水、跳伞技能，能够履行突击队员、两栖或装甲工兵的职责。二是工程作战领域所特有的工程对抗，就是要充分放大工程兵兵种的战斗性这种内在功能属性。比如，针对敌远程精确打击，我对战略战役重要目标进行伪装、组织综合工程防护等，与敌进行伪装防护对抗；综合运用信息技术，虚拟工程景观，制造冗余工程信息，遮蔽真实工程情况，削弱敌侦察设备效能，降低敌战场工程侦察效果，有效干扰和影响敌指挥决策，与敌进行工程信息对抗；对支撑敌作战体系的指控中心、通信枢纽、机场、港口等关键节点，大型武器装备、战略军用物资存放点等重要目标实施工程破袭，与敌进行工程火力对抗；运用智能地雷、反直升机地雷、低空障碍物等立体设障手段，对敌直升机、无人机等实施工程障碍对抗，等等。从这个角度来说，战斗化最直接、最本质也最具有特色的展示和体现就是工程对抗。因此，通过对工程对抗的深度理解，能够逐步对战斗化实现精准认知，切实描绘清楚战斗化工程兵的发展样态、目标和路径，为工程兵兵种建设沿着正确的路向迈进提供理论指引。

（三）军事术语体系演进的内在需要

术语是通过语音或文字来表达或限定概念的约定性语言符号，是指在特定专业领域中一般概念的词语指称。其中，概念是指通过对特征的独特组合而形成的知识单元，指称则是概念的表达方式。术语的本质是描述概念的指称，即借助语言来描述现实及反映现实的概念。没有精确的概念体系和经过科学论证的术语体系，任何知识体系都不可能得到有效发展。反过来，如果人为地造成术语的多义性，或者说其内涵揭示得不准确、不严谨必然会导致曲解所研究问题的实质。在实践中，这类运用工程技术和手段，与敌发生直接的兵力、火力和信息交互作用关系，已经具有实质上对抗目的和意涵的作战行动，急需一个严谨准确的术语来进行科学合理的指称。如果还是用“工程保障”或“工程支援”笼统地予以概括，难以全面准确地反映其本质。实际上，在诸多的学术研究文献中，已经有了“工程对抗”的提法，又或者是语词不同，但内涵实质基本一致的提法。比如，史小敏、姬改县提出，工程兵能力建设的具体标准应包括“工程对抗能力”，即“具备运用工程伪装、工程防护和工程破袭等手段直接参加体系作战和体系对抗能力”。再如，刘正才、姬改县提出，工程兵的任务功能属性将在原有保障的基础上，向工程保障、工程支援和工程对抗3部分功能融合的方向拓展，在保障体系结构完整、力量安全和作战效能正常释放的同时，表现出极强的工程对抗性和战斗支援性。[13]更早的一些研究中，虽然没有明确的“工程对抗”这种表述，但实际含义是利用工程技术和手段实施直接的对抗活动。比如，刘晓国、刘长伟撰写的《运用工程措施实施信息对抗之管见》，提出“采取隐真措施，实施信息遮断”“采取示假措施，实施信息欺骗”“采取迷盲措施，实施信息干扰”。再如，王龙生、高俊、夏念厚撰写的《试论工程措施在形成战场信息优势中的运用》，提出综合运用工程措施，能够提高信息系统生存能力、战场信息对抗能力、战场信息感知能力以及削弱敌信息攻击能力等，促进战场信息优势的形成。可见，“工程对抗”能够作为一个语词被提出，或者将作为一个术语被确立，是有一定认识基础的，绝非凭空想象出来的概念。但总的来说，这些观点的提出，对于确立“工程对抗”这个概念还是若明若暗、“羞羞答答”的，对其系统性深度化研究还比较薄弱，主要体现在3个方面：一是基本概念的本质内涵仍没有得到精准界定和透彻揭示，如工程对抗的立论前提是什么，与传统的工程保障概念有何本质区别，外延上有无交集，等等。在许多时机和场合下，“工程对抗”的概念经常被混用，并没有真正确立起统一的研究起点。二是研究视角的选取，部分观点囿于研究视野的局限，就兵种讲兵种，就行动讲行动，没有从复杂系统、体系对抗、陆军作战的视角来看待工程对抗问题。三是一些研究偏重具体实践细节，对本质性、规律性变化缺乏回溯式探析，导致出现自成体系、自说自话的情形。通常来说，军事术语的演进更迭从根本上反映的是军事理论的发展变化，尤其是那些核心的或者说基础的作战概念创新，更是推动军事理论体系创新的肇始起点。我军工程兵作战理论体系一直以来都是以作战工程保障理论为主体内容，主要还是与机械化战争特点相一致、与区域防卫背景相匹配的理论体系，已越发难以适应立体攻防、全域作战的新形势、新要求。必须紧盯工程作战的新实践，提出核心作战概念，并且用全新的军事术语予以精准指称，进而实现统一认知、形成理论认同，在此基础上，为持续创新发展工程作战理论体系提供支点和牵引。

四、工程对抗的地位作用

工程对抗是工程作战体系的重要组成部分，与工程保障、工程支援、工程特战紧密结合，是战场体系对抗的有机组成，融于兵力对抗、火力对抗和信息对抗等战场基本对抗活动。其地位作用可从对己、向敌、于全局3个维度来具体分析。

（一）是己方人员装备设施安全、作战体系稳定的有效保证

对己主要是指伪装、防护、破（清/排）障等，更多地体现为工程抗击的内容。比如防护，美国军事历史学家杜布伊通过研究发现，从冷兵器到核武器，武器杀伤力呈几何倍数提高，但参战人员的伤亡率反而大幅下降，除了技战术水平提高、作战重心选择移位等原因，用于保护己方人员、指挥系统、重要装备等的各种防护工程也是确保作战体系安全稳定的重要因素。特别是在联合作战背景下，如果能够夺取制信息权、制天权、制空权、制海权，防护的强度下降、时机减少、风险降低；但如果没有夺取相应的战场综合控制权，防护的强度将空前提升，风险将显著提高。此外，现代交通体系（空、公、铁、水）能够极大地改善作战条件，部队可利用其实施全域快速机动，但与此同时，这些基础设施条件也必然成为敌体系对抗的打击重点。特别是高等级公路、高架桥、隧道等交通设施，由于目标外形特征明显、伪装防护困难，平时一旦被敌识别、锁定，战时极易遭敌打击破坏。因此，对其的隐蔽伪装、主动防护必然是工程对抗的重要内容。可以肯定的是，我

人员装备设施，尤其是指挥工程、军港工程、机场工程、导弹阵地工程等事关作战体系安全可靠的重要节点，肯定将遇到敌多维高频的重点打击，必须加紧施以有效的高强度全面防护。再如破（清/排）障，敌所设置的各类爆炸装置是对我人员装备安全、实施战场机动的重大威胁，我相应的工程对抗措施则主要包括拆除未爆炸弹、航弹，排除不明爆炸物，破坏敌雷场，清除敌布设的反空降爆炸障碍物或爆炸性防护措施等。

（二）是杀伤敌有生力量、毁敌体系节点、破坏敌作战体系稳定性的有效方式

向敌主要是指地雷、爆破、破障、破袭等，更多地体现为工程打击的内容。这些工程技术和手段可直接杀伤敌有生力量，破坏其武器装备和坚固工事，与敌实施直接的兵力和火力对抗。从深层次来看，就作战体系而言，具备不同作战功能的子系统只有具备相应的耦合关系，并保持良好的运行秩序，才有可能造就具有特定整体涌现的作战体系，实现各种规模和层次的联合作战。这里的耦合关系通常有两种：一是“增强型耦合”，即各功能单元通过相互作用彼此增强各自功能。如在陆空联合作战中，空中突击单元通过火力突击毁伤、遮断、瘫痪敌方，可为我地面力量实施占领、夺控创造条件；地面突击单元通过快速机动作战和监视、跟踪、指示、引导等行动，同样可为空中打击创造条件，这种耦合关系如遭到干扰或破坏，整体效能释放就会大打折扣。二是“因果型耦合”，即一个单元的输出功能正是另一个单元的输入条件。如情报侦察单元的“情报输出”，是指挥控制、火力打击、战果评估等单元的

"功能输入"，前一个单元的功能受到抑制，必然会对其他单元产生影响，导致难以形成协同效应，进而削弱作战体系的整体功能。无论是哪种耦合关系，只要设法进行干扰和破坏，其体系稳定性和有序性就会被打破，体系作战效能就无法有效集聚，更勿谈正常发挥。如果能通过对敌作战体系增加作战阻力，产生所谓的"摩擦""黏滞""阻扰"效果，以影响其作战体系正常的运行方向、速率、秩序，就能够有效削弱其作战效能，同时为己方针对性地调整作战节奏、进行攻防转换、发扬火力优势创造有利条件，而工程对抗恰恰能够在这个方面发挥积极作用。理论和实践均表明，采取针对性的工程对抗措施，能够有效地阻滞或毁伤处于机动、增援或退却之敌，为营造有利的作战态势创造条件。典型的比如智能地雷，作为一种自主动态的新型障碍系统，它能够对敌针对性地开辟通路行动所造成的突破口作出及时反映，通过构建分布式网络，进行物理重组从而实现自愈，构成一个新的需要继续克服的障碍，这个雷场"就像糖浆一样，一旦你将手指伸入糖浆后不久，糖浆就会很快封住入侵口。就算敌人已经在雷场开辟了一条通路，他们仍将会面临一个新的雷场问题"。又如在陆战场作战中，陆军航空兵作用地位十分突出，正日益成为现代陆军的战略性主战力量。各国都在越来越多地配备各类高性能直升机和一定数量的固定翼飞机，构建新型混编合成具有较强的立体攻防、特种作战和防卫作战能力的陆军航空兵部队，实现空地力量的有机融合、作战功能的多样复合。应对这种越发严峻的低空域作战威胁，工程对抗大有用武之地，可通过设置低空悬浮弹、空中拦阻飘雷和智能空飘雷等在空中组成立体雷区，或设置防机降桩砦、堆积物、铁丝障碍物和壕沟等立体设障方式和手段，有效毁伤敌兵力兵器、割裂敌战斗队形、打乱敌作战节奏、迟滞敌行动自由，支援、策应、配合我主战分队抢抓歼敌机会。

（三）是争夺信息优势、谋求战场制信息权的有效途径

全局主要是指伪装、工程防护等，更多地体现为工程打抗结合的内容。信息优势，即“信息获取、传输、处理、利用和信息对抗的综合能力强于对方的有利形势”。[14]制信息权，即“作战中在一定时空范围内对信息的控制权”。[15]依赖信息技术的飞速发展，信息获取已经由人工收集、区域捕捉发展到智能感知、全球侦收，信息管理由分散掌握、有限利用发展到深度融合、实时共享，信息利用由支援保障、服务决策发展到控制武器、主导行动。通过合理控制信息流向、流量和流速，就能完全实现作战力量的高度聚合、资源的合理分配和能量的精确释放。可以说，信息流主导物质流、能量流，信息优势决定认知优势、决策优势和行动优势，制信息权则无可辩驳地成为夺取战场综合控制权的核心。从战场综合控制权的构成来看，信息域是沟通各个空间的桥梁和纽带，制信息权是“凌驾”各个有形空间战场控制权之上的更高层次的控制权，必然会对其他制权产生支配性影响。俄罗斯著名学者特利季亚科夫就曾指出：“破坏敌统一的信息系统、导航、目标引导设备、指挥和通信系统，所造成的后果要比毁伤单个武器目标要严重得多。”[16]形象地描绘出信息枢纽节点对作战体系的核心支撑作用，以及这些信息枢纽节点被有效破坏之后所造成

的体系坍塌、战斗力“瀑降”效应。工程对抗之所以能够与争夺信息优势、谋求战场制信息权产生联系，主要是通过工程信息对抗得以实现。作为工程对抗的重要类型和内容，工程信息对抗能够成立和予以确证主要基于两个方面的原因：首先从功能角度来看，工程兵具有“天然”的信息对抗属性，如果认识得对、使用得好、运用得妙，就可以对战场信息对抗起到显著的系统增效、体系补强作用。如俄罗斯国防部于2012年3月发布的《俄联邦武装力量在信息空间活动的构想观点》中，首次对俄军在信息空间的活动进行了规范，明确了信息空间的活动“包括参谋部和军队在侦察、战役伪装、电子战、通信、隐蔽指挥和自动化指挥、参谋部情报工作以及防护己方信息系统免遭无线电电子打击、计算机攻击等方面的措施或行动”，并指出，“信息空间的活动是一个协调的统一体系。在这个体系中，每个组成部分以其特有的方式方法完成自己的任务。另外，由于每个组成部分融入了一个统一的体系，它也能提高整个体系实现俄联邦武装力量所面临目标的能力”。其次从力量角度来看，工程对抗力量是信息作战力量的有益补充。夺取和保持制信息权，通常以信息作战力量为主，在其他作战力量配合下实施[17]，因而遂行联合作战信息作战任务的力量主体包括3个层面，即信息作战专业力量、非专业力量和地方民间力量。承担工程对抗主体任务的工程兵部（分）队，一方面可以作为信息作战的作战保障力量，以遂行传统意义上的作战工程保障任务形式，通过保障专业信息作战力量遂行信息对抗任务，间接地参与到体系作战信息对抗行动中；另一方面可以运用工程技术和手段，直接与敌发生信息交互作用关系，主动参与到体系作战信息对抗行动中。特别是在当前我军信息作战专业力量较为有限的情况下，充分发挥非专业信息作战力量的作用功能，增强信息作战整体能力，就显得十分必要和紧迫。

第二章　工程对抗指导

作战指导主要明确作战组织与实施的共性要求，是作战制胜机理的客观反映，是发挥特色优势的核心主观取向，是组织实施作战活动必须遵循的行为准则。科学确立工程对抗指导，对丰富工程对抗理论、指导工程对抗实践、夺取工程对抗胜利具有十分重要的意义。

一、信息主导

所谓信息主导，是指注重以信息资源为基础，以指挥信息系统为平台，充分发挥信息对分析判断、筹划决策、兵力运用、指挥控制、综合保障等环节的导引、主控、协调作用，通过信息的多级共享和加速流转，有效控制各作战要素、单元、系统，促使作战力量高度融合、战场空间一体感知、指挥协同扁平迅捷、火力打击精确高效、作战行动快速敏捷、后装保障精准聚焦，从而实现信息优势向决策优势、行动优势的高效转化。可从 3 个方面进一步理解。

一是信息技术的广泛深度运用，使工程对抗的对抗效益倍增。在信息化战争背景下，信息渗透贯穿战场全维、全程和全域，尤其是网络互联技术、指挥控制技术、人工智能技术等的迅猛发展，显著推动裁剪冗余组织，减少行动层级，缩短决策和执行过程的循环时间，从而实现更好、更优的作战效果。作战部队能够在无规定轴线、无固定区域、全方位流动的不规则战场同步分析态势、同步理解任务、同步组织筹划、同步展开行动。具体到工程对抗领域，基于网络信息体系共享态势信息，使工程对抗的对抗效益得以大幅提升。比如法军 EPG 主力工程车，配置了快速信息系统和报告系统、全球定位系统以及无线电通信系统，大大提高了该车的信息化水平和战场感知能力。之后，法军又将其升级成 EPGVAL 装甲车，在 EPG 的基础上，加装遥测装置，显著增强了其侦察能力、夜战能力、全天候作战支持能力；加装电磁诱饵复制器扫雷系统、高频跳频电台，大大提升了其扫雷能力、通信及战场态势感知能力等。

二是在信息化作战背景下，工程信息对抗成为工程对抗的重要内容。现代战争机器的运转和作战体系的运行根本上是靠信息流驱动和导控，不夺取信息优势，不获取制信息权，不可能抢先机、占主动、打得赢。一般来说，作战体系所具备的作战能力，主要是指通过体系组分间大量和普遍的信息交互耦合而在整体上涌现出的能力，而并非指由物理上的力学关系所促成的能力，一定规模的信息交互是区别简单系统和复杂体系的基本前提。反过来说，有效破坏这种信息交互耦合关系，就成为削弱、降解甚至坍塌体系能力的基本着眼点和主要途径。因此，信息对抗是夺取战场制信息权的主要途径，必须将其贯穿作战全过程及各领域，通过有效组织信息对抗活动，积极谋求和掌控信息优势。而工程对抗的很多活动、大量内容，都可以直接为掌控信息优势服务。如工程伪装、工程佯动能起到信息隐匿、信息诱骗的效果，防护工程能发挥信息屏障、信息冗余的作用，地爆能产生信息破袭、信息阻塞的效果，设障能实现信息遮断、信息滞扰的效果，等等。这同时也从另一个侧面，充分体现了工程对抗的越发重要性和相对独立性。

三是须真正用信息主导的理念来“主导”工程作战行动。这里的“信息”，主要指的是工程信息，即与工程作战任务有关的敌情信息、我情信息和战场环境信息的统称。“主导”中的“主”，可理解为“主要、主体、根本”，“导”可理解为“先导、导引、导控”，“主导”即“决定并且引导事物向某方向发展”。当然，“主导”还可以作名词来理解，可解释为“起主导作用的事物”。所谓信息主导，则可以理解为信息是主导因素，信息思想是主导思想，信息力量是主导力量，信息方式是主导方式，信息技术是主导技术。从这个角度来讲，信息在筹划实施作战行动中的地位作用如何，在根本上决定了作战行动质量效益的高低优劣。为此，应着力强化信息主导思维，深入研究信息及信息的流动在工程作战行动中究竟处于什么位置、如何发挥作用以及怎样更好、更快地发挥作用等问题，更好地体现信息化战争的核心特点和制胜机理。

二、融入体系

所谓融入体系，是指将工程对抗有机纳入体系对抗中进行整体筹划、通盘衡量和系统组织。一方面，工程对抗要始终着眼于满足体系对抗要求、服务体系对抗需要。作为体系对抗的有机组成部分，工程对抗无论从目的，还是过程，抑或是效果上，都要坚持从体系对抗的需求出发。在信息化联合作战中，战场体系呈现出以下3个突出特点：一是体系结构发生深刻变化，整体联动更加顺畅协调。基于网络信息系统的力量体系结构逐步形成，逐渐颠覆传统力量的树状结构形式，作战体系的整体性、协调性、灵活性空前增强。二是信息系统已成为体系的“命脉”，对战斗力的生成巩固起到决定性作用和影响。信息系统人机结合的高效处理能力，够把作战力量、作战单元、作战要素有机地黏合在一起，极大地增强了体系作战能力。三是战场多维联动成为体系运行基本态，战略战役战术行动趋于一体。信息化作战行动遍布多维战场空间，虽然是多维多元力量并用，但构成一个有机整体，具有形散神聚的鲜明特征，作战行动通过“一张态势图”“一个基础网”“一个指挥平台”“一个数据库”来控制调度，多轴并行、同向聚合式攻击成为惯常行动，战略战役战术界限日趋模糊。相较于传统战争形态背景下的战场对抗，信息化联合作战的对抗形式、内容、手段及组织实施都发生了重大变化，有些领域、层面甚至是根本性、颠覆性的变化。无论是针对己方作战体系的“功能耦合”“集成联动”，还是针对敌方作战体系的“结构破坏”“毁点破链”，都是以体系对抗为逻辑起点。而这里的体系对抗，则体现出以下5个方面的突出特点：一是“以快吃慢”更加凸显，谁的作战体系反应灵活、动作敏捷、打击迅猛，谁就很有可能抢占先机、谋求主动；二是“以优胜劣”更加凸显，衡量双方作战体系优劣，不再单纯拼数量、拼规模、拼功率，关键还是要看信息获取能力的强与弱、网络链接和态势共享水平的高与低、决策和行动循环周期的长与短、非对称攻击手段的多与少以及毁伤效果的精与略等；三是“以精制粗”更加凸显，谁能够通过精确释放能量，对敌作战体系实施“点穴”“斩首”“封喉”式打击，谁就能够有效达成击点、断链、瘫体和控局的作战目的，避免陷入持久战、消耗战，从而加快作战进程；四是“以高压低”更加凸显，拥有前沿科学技术和高新武器装备，占领军事科技制高点的一方，将很大可能获得力量对比、体系对抗方面的显著优势；五是“以集破散”更加凸显，更加强调诸军兵种紧密配合、自主协同、一体联动，变传统的兵力火力集中为作战效能聚合。

作为体系对抗的有机组成，工程对抗必须主动跟进、积极适应战争形态加速演变的大趋势。从对抗对象上看，战略瘫痪、精打夺要成为制胜关键，工程对抗重点必须随之发生变化，由具体作战行动转到作战体系的关键节点，特别是指挥中心、信息枢纽、战略战役级武器装备等对整个作战体系的运转起支撑作用的节点上来；从对抗维度上看，敌我双方作战行动在陆海空天电网多维空间多向同轴展开，工程对抗范围必须由平面转向立体，由要素转向系统；从力量运用上看，作战节奏越发紧凑、时效性要求极高，工程对抗力量运用必须在兵力模块的动态随机组合和一体化运用上下足功夫，在力量配置、力量编组等方面大力改进创新。具体来看，在对抗对象上，首脑工程等重要军事工程单纯依靠传统的土木工程结构进行对抗，已经远远达不到防护要求，必须加快发展包括干扰、引偏、拦截、遮弹、引爆、伪装等多种技术手段在内的综合防护体系，特别是要在对抗思路上坚持不为我所有，但为我所用，善于借鉴运用其他对抗形式、策略和技术手段等。如美国国防部前部长拉姆斯菲尔德曾讲过，美军军官一旦失去 GPS，80% 将陷于盲目，不知道怎么指挥打仗，可见美军体系作战对 GPS 所具有的高度依赖性。加之 GPS 存在先天弱点，即卫星上 GPS 发射机功率不大，卫星距地面距离远，信号到达地面时已很弱，最小信号电平为 -160 分贝瓦，其强度相当于 2 万千米外一个 25 瓦的灯泡发出的光。另外，GPS 抗干扰能力先天不足，因而易被干扰。综合上述情况，可以考虑运用 GPS 干扰技术对敌远程精确打击实施主动防护，从而扩大防护范围、增强防护效果，变传统的“破坏—抢修—维护”的被动保障模式为积极主动的对抗防护模式。在对抗维度上，反直升机地雷、空飘雷、空中绊索等立体障碍物，把工程对抗空间从平面拓展到立体，从二维扩展到三维，如能灵活合理地加以运用，就可以显著地降低和削弱敌战场机动能力，使其空地难以高效协同作战。在对抗行动上，随着自毁自失能技术、遥控技术等在地雷发展中的广泛运用，地雷战术运用将变得更加灵活，雷场可随时根据战术需要改变工作状态，在攻防转换之间迅速转变角色，既能阻敌机动、杀伤敌军、扰乱敌军进攻序列，又能保障己方或友邻部队的侧翼安全，不影响己方的各种战术行动。另外，工程对抗要始终坚持以体系为支撑、以体系为保证。这里实际上是两层含义：一是工程对抗的组织实施要由作战体系提供必要的条件保证。比如，依靠工程兵自身力量难以解决的远程火箭布雷面临的目标信息获取、中高空气象参数获取、布雷效果评估等难题，借助体系力量将迎刃而解，火箭布雷分队不仅可从卫星、无人侦察机、地面观通站等多种平台获得目标信息和布雷效果信息，还可从气象分队获得远程火箭布雷所必需的气象信息保障，从而极大地提高火箭布雷系统的体系作战能力。二是工程对抗的效果能否达到最优，需要作战体系来给予补充和加强。没有高效稳定的作战体系作支撑，任何一种作战行动都很难夺主动、打胜仗。比如，大型桥梁的战时防护中，除一般意义上的被动防护外，还应采取光电对抗、主动抗击和隐真示假措施，此外，为最大限度地确保桥梁的生存安全，可考虑建立多层主动抗击体系，除远程防空导弹外，再大力发展运用近程防御武器系统，包括近程防空导弹、多管小口径高炮和单炮结合防空武器系统。无论从研发成本还是总体效果上来看，都十分经济理想。此时，为确保我装备作战效能正常发挥，就必须采取相应的抗干扰措施，靠工程兵自身力量是远远不够的，就必须依托我信息作战专业力量与之对抗。

三、主动综合

所谓主动综合，“主动”就是要在总体防御态势的基础上，更加突出进攻性的工程对抗行动，善于发现敌作战体系的弱点漏洞，充分运用攻势行动，实现攻中有防、防中有攻、以攻助防、攻防结合，“理想的进攻与防御之间的关系是，防御能将敌人的进攻削弱到可以接受的程度，而进攻却不受敌人防御的同样控制”；[18]改变单一运用某种工程技术和手段、采取某几种工程措施来实施对抗的方式，聚焦胜战打赢、着眼作战效益，将多种技术和手段、多种工程措施灵活施用，实现聚力增效。在主动方面，主动防弹技术、低空和超低空拦截系统、末制导干扰技术等的发展，使工程防护的主动性意味更加突出；广域自寻的地雷等智能障碍，具有自动识别、自动寻的、自动打击等功能，赋予传统的以防御为主的障碍系统更多的积极进攻的意涵，使之具有慑、保、打一体的三重功能，极大地拓宽了障碍物的运用范围；动态隐身作为主动性的隐身技术，能够感知背景变化，自动调节目标的亮度和色度，从而使目标融入背景，在不影响武器装备作战效能的条件下实现伪装隐身目的。在综合方面，对于极其重要的军事、经济和民用目标，应设法实施多层次、大纵深、全方位防护，层层设防，军民联防。比如设置地空立体障碍，进行空中阻滞；施放烟幕、诱饵系统进行遮蔽、干扰与欺骗；涂敷迷彩、架设遮障实施变形隐真等。又如大规模军事行动和大型军事目标的伪装是难题，依靠传统工程领域的被动式伪装始终难以有效解决。应树立积极对抗、主动防护的理念，不再被动地躲、藏。典型的例子就是激光的运用，这种技术已经广泛应用于侦察制导领域，也同样可以应用于反侦察制导领域，如果不考虑杀伤性对抗，可采取主动伺服式迎头照射或散步式半球面照射，使敌侦察设施侦照我重要区域时致眩失效，从而达到大区域的反侦察监视的效果。在工程对抗装备技术研发方面，也必须充分考虑体系作战的特点规律，将多种对抗功能集于一身，如集发烟弹、拦截弹、伪装网、诱饵装置等多种技术和手段于一身的综合伪装防护系统发展迅速，典型的如俄军“斗篷”伪装系统、“窗帘”伪装防护系统等。从更深的层面来看，主动综合的基本指导，实质上是我军一直奉行坚持的积极防御战略思想的具体细化体现。积极防御就是将战略上的防御与战役战术上的进攻高度统一、有机结合，从而将敌之不利因素和我之有利因素持续地放大，不断地改变力量优劣对比的原来程度，将作战进程发展、态势变化朝向于我有利的情势发展。实践证明，这一点在工程对抗领域有着大量的运用体现和广阔的运用空间。

四、精确高效

所谓精确高效，就是要通过精确筹划、精确指挥、精确保障、精确评估，实现使用最恰当的力量、运用最恰当的手段、在最合适的时机，打击最需要打击的目标，迅速达成作战目的；或者说，针对敌方打击方式手段及其变化，及时应对和加以调整，以有效抵抗敌复合打击，始终确保己方的基本安全。在传统作战模式下，敌我双方往往都是粗放式、概略化、漫灌式的作战投入。在信息化作战中，作战思维的改变、作战方法的创新、技术手段的演化，为“精打细算”式的作战提供了可能和条件，工程对抗领域的实践发展也充分印证了这一点。比如，智能地雷突破了传统地雷的作战方式，能够在复杂的战场对抗环境中实现自动警戒、捕获、跟踪和识别目标，测定目标方位、距离和速度等，在最佳时机、最佳距离实施最有效的攻击，从而对目标造成最大限度的毁伤，以产生最大的作战效益，不仅保留了传统地雷“打击、迟滞、干扰与心理威慑”的多样化功能，还充分体现了信息化联合作战精确作战的核心指导思想，必将成为未来战场体系对抗反敌机动、乱敌行动、扰敌序度的尖兵利器。同时，精确高效也意味着组织筹划工程对抗时，要全面深入地分析问题，既要精细，着力搞清楚每个细部细节，又要精深，着力搞清楚问题背后的深层原因。以防敌对我重要桥梁目标袭击为例，首先看其选用的是哪种攻击方式，其次看它选择的是哪种突击方式，最后看它可能造成哪种程度的杀伤效果。只有切实搞清、搞透这些情况，才能将对桥梁进行的综合防护建立在科学的基础之上。又如，典型战场目标与行动伪装中，若要增强伪装效果，必须深入研究不同类型目标的各异暴露征候，如单个目标的暴露征候就要重点考虑外形颜色、材料特性、电磁辐射等因素，以有针对性地采取藏、隐、扰、骗等方法措施；集群目标的暴露征候就要重点考虑配置特征、活动特性等因素，以有针对性地采取疏散、降显、示假等方法措施；部队行动的暴露征候就要重点考虑机动队形、运动痕迹、目标特性等因素，以有针对性地采取变形、遮蔽、佯动等方法措施。

五、统筹设计

所谓统筹设计，就是要从体系的视角、战略的高度、全局的视野，整体谋划、一体设计工程对抗活动，以谋求最佳作战效益。统筹设计最核心的是要“统”，具体可从战时、平时两个时空维度来分析。其中战时，一要

“统”工程对抗资源，各级指挥员要非常熟悉所掌握的工程对抗资源底数，既包括显性有形的工程装备、器材、设施等数量质量，也包括相对隐性的专业部分队的作战能力、训练水平、战备程度等。二要“统”战术运用方式，要切实搞清楚每种工程对抗方式如何确定运用，力量如何部署编组等，尤其是在体系对抗背景下，要充分考虑各种工程对抗方式之间，工程对抗与其他对抗方式之间，工程对抗与工程保障、工程支援和工程特战之间可否集成融合、一体运用的问题。比如，在陆军防御作战中，我防御力量应在联合作战力量的支援与配合下，将防御工事、障碍与火力打击紧密结合起来，形成工事、火力与障碍耦合一体的立体抗击“盾牌”，尤其是对被我防御障碍阻隔、速度减缓和集聚之敌，应集中火力进行及时有效打击。在伊拉克战争中，伊军既不能快速布设大面积雷场来阻挡美英联军的地面突击，又无法构建低空智能障碍系统来对付美英联军超低空飞行的武装直升机的空中打击，只能在局部地域靠人工布设反步兵地雷和反坦克地雷，设障手段单一、效率低下，效果无法保证，也没有实施火障结合，因而面对美英联军快速的空地一体协同进攻，阻滞作用十分有限，最终导致美英联军几乎如入无人之境，迅速失去了战场主动权，这样的教训是非常深刻的。此外，不仅作战阶段要统筹设计，平时的战争准备也要注重统筹设计。对工程对抗相关的装备研制、技术研发、设施建设、力量发展等，要通盘考虑、长远规划、标准推进，为战时有效对抗奠定坚实基础。以伪装为例，其已经从传统纯粹的战斗保障措施上升为十分重要的作战行动，成为各军兵种统一联动的作战内容。今后的伪装必将是各军兵种共同参与实施的体系化作战行动，并且渗透全维、贯穿全程。从伪装力量、空间、方式、时机、过程、要求等各方面来看，都要有俯瞰全局、总揽战场、通盘谋划的观念策略，比如重要武器装备设计时就要有完备合理的伪装指标要求，具有隐形、隐身、干扰、诱骗等方面的指标功能。又如我军作战条令制定编修过程中，应全面系统细致地规范各作战层级的伪装问题，从单个兵器、单个战术行动的伪装，到战役战斗组织甚至是战略筹划的伪装，都需要进行明确细致的规范。再如从全军层面配套完善贯穿平时和战时的伪装法规，包括军事目标要确定伪装等级，军事设施建设从立项、设计、施工到建成后使用，都要强制性地增加伪装要求，等等。需要强调的是，其中工程伪装是主体内容，各军种工程兵是中坚力量，他们不仅是技术骨干，而且要引领支撑各类型伪装任务的实施完成。

六、技术支撑

所谓技术支撑，就是始终坚持技术打底、技术先导、技术推动，通过技术的不断创新发展，为提升工程对抗的能力水平提供坚实保障。战争发展史表明，虽然推动战争形态演变和作战方式演进的动因很多，但科技无疑是最具决定性的因素和力量。军事科技领域的先行者，往往能够获得巨大的溢出效应，而步其后尘者，很难摆脱路径依赖和被动锁定。由于战争具有突出的暴烈性和对抗性，“不顾一切，不惜流血地使用暴力的一方，在对方不同样做的时候，就必然会取得优势。这样一来，他就使对方也不得不这样做，于是双方就会趋向极端。这种趋向除了受内在的牵制力量的限制以外，不受其他任何限制”。[19]出于在对抗中取得胜利和主动，敌对双方都必然会对优良的武器装备和武器装备制造赖以支撑的先进科学技术有着强烈的价值追求。恩格斯曾指出：“在马克思主义看来，科学是一种在历史上起推动作用的、革命的力量。”[20]又说：“军队的全部组织和作战方式以及与之有关的胜负，取决于物质的即经济的条件：取决于人和武器这两种材料，也就是取决于居民的质与量和取决于技术。”[21]在《暴力论（续）》一文中，他充分考察了步枪对于战斗队形以及作战组织形式的影响并作出了深刻判断：“一旦技术的进步可以用于军事目的并且已经用于军事目的，它们便立刻几乎强制地，而且往往是违反指挥官的意志而引起作战方式上的改变甚至变革。”[22]当前，世界军事科技发展呈现出多源快速突破、协同融合发展、群体集中爆发的新态势，战略前沿技术、颠覆性技术接踵而至，对国家安全、军队建设和军事斗争影响的广度、幅度、深度都将是深远和空前的。可以预见的是，未来战争的信息化、智能化程度越高，高端前沿科技的“命门”作用就越发明显，科技制胜、科技强军的作用功效就越发凸显，科技尤其是高新科技对战斗力生成发展的赋值将呈现倍增效应，推动战斗力形态持续升级。应该说，科技对国家发展和社会进步的引领支撑作用从未像今天这样突出，科技革命所带来的机遇挑战也从未像今天这样巨大，我军战斗力建设对科技的需求也从未像今天这样紧迫。这些前沿军事技术将催生全新的作战手段，或开辟崭新的作战领域，或颠覆原有作战概念和作战体系，或呈倍数或指数地提升火力、机动、防护、突防等作战能力，展现出空前的变革性与颠覆性。

以工程兵这个实施工程对抗的主体力量为例，毫不夸张地讲，技术就是工程兵不断前进、持续发展的生命之源、动力之本，工程兵就是靠技术起家、以技术立身、凭技术兴兵。近代工程兵诞生，就是以运用先进精准的工程技术构筑要塞的能力，确立其在军队中的重要地位和突出作用。随着军事活动的演进变化，工程兵的专业技术能力不断拓展完善，从筑城到爆破、地雷、伪装，再到道路、桥梁、渡河、给水，逐步成为不可替代的作战力量。如今，传统工程技术不断发展，加上信息技术的渗透融入，使工程对抗的对抗理念加速更新，对抗效能大幅提升。以地爆为例，与其密切相关的高毁伤技术是含能材料、战斗部设计、先进引信和火工品等多项技术的综合，其中含能材料是核心和基础。随着含能材料技术的突破，新型弹药将会使现有的很多军事目标变得十分脆弱，不堪一击。高毁伤技术的飞速发展，首当其冲地会给工程兵承担的作战任务带来严峻挑战和巨大压力，永备和野战工事的结构配置、抗力等级等都要重新设计，大威力、小型化、轻型化、智能化的新型地爆器材，又将持续地冲击工程兵遂行爆破、破障、特种破袭任务的既有观念和行动方式。

当然，技术支撑不应仅仅从技术实体本身来理解，技术实际上包含了实体要素、智能要素、标准要素 3 类。

其中，实体要素是以技术的物质器具、物质载体和物化实体为表现形式，智能要素是指由知识、经验和技能等抽象内容的构成，标准要素则是指技术工艺和技术规范。这三者相互依存、相辅相成、共同作用。其中尤其要强化技术思维，这种思维形态、方式和内容，既要全程体现于技术研发过程中，又要融合渗透于技术运用过程中；既包括土木、机械、材料、爆破、地质、电子等一般意义上的工程技术思维，又包括去中心、泛连接、类进化等信息化、网络化、智能化、集成化思维。无论是工程对抗技术研发人员，还是各级指挥员，以及工程装备维护、操作人员都应该不同程度地强化这两方面的技术思维。比如，3D 打印技术就属于当前最为前沿的先进制造技术，部队可直接就便利用可用材料，按需定制武器装备特定零部件，从而缩短研发周期，降低研发成本，显著改善装备制造流程和维修保障方式。目前，已由快速制造 3D 塑料设计原型，发展到直接制造金属材质零部件，甚至出现了集成芯片一体制造的 4D 打印技术。而将这种增材制造技术应用于伪装领域，制作植被伪装材料、伪装背景壳、假目标等新型伪装器材，就是增材制造技术向伪装专业技术深度渗透、机械思维与工程思维有机融合的典型例子。又如，多传感器融合技术主要用于军事目标的分类与跟踪，在智能雷场中的应用中，可将智能雷场的声、振动、毫米波、磁、激光雷达等多种目标探测传感器信息进行自动检测、关联、相关、估计及组合等处理，使雷场探测系统在威力空间、系统可靠性、系统作战效能等方面得到显著改善，进一步提高雷场的抗干扰能力和体系鲁棒性（主要是抗毁性、自主性等），扩展系统空间时间覆盖范围，提高系统精度、空间分辨力，以达到传感器优势互补、资源共享等目的，这是信息处理技术向传统的地雷专业技术深度渗透、信息思维与工程思维有机融合的典型例子。

第三章　工程对抗任务

随着战争形态的演变和作战样式的变化，战场对抗的内容越发丰富，节奏越发紧凑，程度越发激烈。工程对抗作为重要的对抗类型，逐渐从后台走向前台，能够发挥作用的时机和场合越发灵活多样。实践表明，任务到能力有着稳定的映射关系，因此，明晰未来作战中工程对抗的任务，是研究工程对抗所有问题的逻辑前提。对于工程对抗的主要任务，通俗点说，工程对抗能够干什么（并非需要干什么），有多种区分依据，这里依据兵力对抗、火力对抗、信息对抗 3 种基本对抗形式，将工程对抗梳理为 7 种典型的任务。

一、利用工程技术和手段直接参与夺取战场制信息权

这个任务可从战场信息活动获取、传输、处理和利用的基本流程入手，根据工程对抗技术和手段的主要作战功能和效果，可分为信息支援、信息隐匿、信息隔断、信息诱骗、信息防护、信息阻塞、信息冗余等具体工程对抗行动。

一是信息支援。主要是指通过实施工程侦察、布设网络化弹药等方式和手段，采集获取战场工程信息，而这些战场工程信息又能够通过更大范围、更高层级、更复杂的战场情报机制，为各级指挥员指挥决策提供条件。需要指出的是，工程侦察是工程作战在“工程对抗”语境下的“信息支援”，特指为工程对抗的顺利筹划实施而组织的工程侦察，并且这种侦察必须能够为战场信息对抗提供直接的支持和保证。如伪装地区侦察，就必须详细查明敌侦察方式、高度、距离，以及时发现敌监视、侦察企图等，这些信息可通过多源融合、互补印证的方式和机制，作为信息对抗侦察的重要情报来源。如网络化弹药，能够充分利用地雷在战场重要地理节点的空间位置优势，通过利用先进传感器、自动化及网络化技术，选择性地赋予其多种信息化功能，包括战场感知和监控功能，即可随时为指挥网络提供战场实时位置和状态信息；而网络节点功能，则可充当战场网络的数据中继器、信息接力站等。

二是信息隐匿。主要是指伪装中的隐真，包括遮蔽、融合、变形、规避等。其中，遮蔽是通过减弱或消除目标与侦测传感器之间的信号强度来达到效果的，融合是通过降低目标与所处背景之间的对比度来达到效果的，变形是通过改变或消除目标的规则外形和特征来达到效果的，规避是利用敌侦察设备的盲点使我目标避开侦察探测的。

三是信息隔断。主要是指在对重要军事目标、大型军事行动等进行伪装防护时所采用的主动式干扰方式和手段。比如，国防工程口部是生存能力最薄弱之处，各种进出、通风、通信口部都会有明显的暴露特征，如被探测发现并遭破坏，便可对工程产生重要影响，应综合利用反侦察、反末制导捕获、干扰诱骗等多种技术研发主动防护系统。又如，战场区域大面积侦察致眩系统，可自动根据侦察侦察探测信息，在较大的区域范围内有针对性地调整红外、激光干扰设备的波长、功率、散射角等，实现对敌红外、激光侦察和打击系统的干扰甚至致盲，显著提升我伪装效果，这也从另一个角度体现了伪装的丰富内涵，正如有观点所指出的，“在信息化战争的今天，伪装定义的内涵和外延都发生了很大变化，伪装已不再是单纯的被动防护，伪装的任务也由原来的对抗侦察监视扩展为防侦察监视和防精确制导捕获”。

四是信息诱骗。主要是指构筑各类假目标、布置角反射器、组织工程佯动等，可产生大量虚假、诱导信息，能显著增大敌侦察监视系统的负荷量，甚至使其目标分配系统出现饱和，直接影响敌指挥决策；或可有效牵制敌兵力、兵器，打乱敌兵力、火力部署。先以假目标为例，在海湾战争中，伊拉克军队就曾将假飞机、假坦克、假导弹及假导弹发射装置布置在真目标附近，为了加强示假效果，还对假目标进行了伪装，并构筑了众多假防御阵地、假机场、假导弹阵地、假指挥所和假仓库，并且用无线电发射机发射与真目标相同的电磁信号，假目标内部则设置了能模拟目标热辐射特征的小型发动机。多国部队虽然使用了先进的精确制导武器，对伊拉克境内各种战略目标和军事设施进行了 4 万多次轰炸，但摧毁的导弹发射架、飞机、坦克、化学武器工厂 80% 是假的，而美军自己也承认 70% 的炸弹并未命中真目标，最多损坏了伊拉克军队 20% 的军力。伊拉克之所以能抵抗住多国部队大规模的地毯式轰炸长达一个多月之久，得以保存兵力，使多国部队在一个多月的时间内不敢贸然发动地面进攻，重要原因之一是正确合理地使用大量假目标。此外，假目标的运用还能够拓展到更为宽泛的信息对抗领域，比如激光干扰可分为强激光干扰和激光欺骗干扰，激光欺骗干扰又可分为用于干扰激光制导武器的角度欺骗干扰和用于干扰激光测距机的距离欺骗干扰。其中，激光角度欺骗干扰就是通过根据所侦察到的敌激光照射信息，复制或转发一个与之具有相同波长和码型的激光干扰信号，将其投射到预先设置在被攻击目标附近的部分假目标上，经过假目标漫反射产生代表假目标角方位的激光信号，把敌导弹导向假目标。再以反射器为例，反射器是专门研制的反射特性非常好的器材，能在范围较大的电磁波入射方向形成大的有效散射面积，常被作为无源诱饵形成假目标用于反雷达伪装。反射器包括角反射器、龙伯透射反射器、介质干扰杆、雷达反射气球等，其中角反射器最为简单，它主要利用3个互相垂直的金属（或敷金属）拼板制成。如果角反射器之间的距离小于雷达的分辨力，所有角反射器在雷达荧光屏上呈现的图像就会连在一起，形成一条亮线或一片光斑。当角反射器的雷达截面积大于目标的雷达截面积时，目标的光标就会被角反射器的光标所掩盖。角反射器主要用作假目标和雷达诱饵，其中空投的角反射器可模拟飞机和导弹，漂浮在海上的角反射器可模拟军舰，配置在陆地上的角反射器可模拟机场、火炮阵地、坦克群和交通枢纽等。以工程佯动为例，工程佯动是指采取工程作业范畴内的假集结、假转移、假攻击等欺骗性行动，吸引敌注意力，以隐蔽我真实行动，从而达成战役战术突然性。在第四次中东战争中，以军以第190装甲旅为其主力对埃军实施反扑。埃军为造成敌错觉，求得战机，针对敌基于决战的心理，在菲尔丹附近设伏并架设假桥，让少量部队往返渡河，制造主力正在渡河的假象，从而使以军第190装甲旅的攻击方向转向菲尔丹。为了诱使以军第190装甲旅孤军冒进，顺利进入伏击地区，埃军又以部分兵力的节节抗击，暗示掩护主力渡河的意图，从而使以军指挥员坚定了必须以闪电攻击才能赢得对埃军回撤渡河主力实施“半渡击”“背水击”的决心，最终诱使以军第190装甲旅全部进入了埃军伏击地区。仅20分钟，被以军奉作“王牌”的第190装甲旅就遭到了覆灭。需要指出的是，信息隐匿和信息诱骗是比较容易混淆的概念，信息隐匿是使敌无法有效发现或辨识伪装对象的现实存在与行动企图，信息诱骗则是使敌按欺骗主体意图，采纳与实际情况不同甚至截然相反的虚假信息。

五是信息防护。主要是指通过构筑负责保障信息枢纽和节点的各种永备和野战工事，对信源、信道、信宿等实施有效防护，依托装配式工事、车载式方舱实施机动防护，以及对高压变电站、输电线等电力设施进行防护等。如法军ATSF型集装箱指挥所，可以抵抗核爆炸冲击波和电磁脉冲，用土和混凝土覆盖可以进行完全防护，具有整体式消防、空调和二防系统。目前，外军已将超近程主动拦截技术应用于战略指挥所等重要目标关键部位的防护，如遮弹式、破片式和集束自锻破片式超低空反导系统。此外，对一些特殊目标可进行改装以抗敌特种弹药打击，如将变电站的主要输电口和主要电网，用高性能的喷涂材料、绝缘涂料覆盖，使石墨炸弹的石墨丝线即使附着在输电设备上，也不易造成短路，防止敌通过瘫痪电力网来达到致伤甚至毁瘫己方信息对抗体系的企图。

六是信息阻塞。主要是指通过雷达、光电无源干扰方式来实现信道中无效信息过量，使正常有用的信息难以及时有效传递。无源干扰是利用特制器材反射、散射或吸收电磁波（声波），以扰乱电磁波（声波）的正常传播，改变目标的散射特性或形成干扰屏，以掩护真目标的干扰方式。无源干扰技术通常包括烟幕、水雾、人工造雾、箔条、热焰火等。比如烟幕，即由空气中悬浮的大量细小物质微粒组成，是以空气为分散介质的一些化合物、聚合物或单质微粒为分散相的分散体系，通常称作气溶胶。烟幕施放主要采取升华、蒸发、爆炸、喷洒等方式。烟幕干扰机理则分为吸收、散射及扰乱跟踪，其中，吸收、散射是使经由烟幕的光辐射能量衰减，使得进入光电探测器的辐射能低于探测门限，从而保护目标不被发现；扰乱跟踪则来自烟幕反射，增强烟幕本身亮度，且亮度分布随烟幕运动变化，从而影响导引头跟踪的稳定性。[23] 烟幕按用途可分为迷盲烟幕和伪装烟幕，按所处位置可分为垂直烟幕和水平烟幕，按战斗队列可分为正面烟幕、侧面烟幕和后方烟幕，按使用性质则可分为假方向烟幕、固定烟幕和移动烟幕。烟幕对环境依赖性小、实现快、运用活，可以对多种侦察、打击手段实施有效干扰。在海湾战争中，伊拉克点燃大量油井，导致目标区浓烟滚滚，多国部队的飞行员难以确定攻击目标，无法发射红外制导和激光制导炸弹。在科索沃战争中，南联盟军队则通过焚烧旧轮胎等“土”办法来制造烟幕，有效地干扰了北约“战斧”式巡航导弹、“爱国者”导弹、卫星照相及雷达侦察。又如水幕，是对抗紫外、可见光、微光、激光、近红外、中远红外等的有效遮蔽手段。水幕可以是冷水喷雾器式，也可以是热蒸汽式。一般来说，对跨河流的桥梁实施水幕伪装可采用冷水喷雾器式；对火力发电厂等有充分热量供应的目标，则宜采用热蒸汽式。在越南战争中，为对抗美军精确制导炸弹，北越利用河内安富发电厂四周的热气管道喷放出大量水蒸气，使整个发电厂四周热气腾腾，致使美军的电视制导、激光制导炸弹难以发挥作用，发射的十几枚炸弹无一命中目标。再如箔条，通常是由金属箔切成的条带，抑或镀铝、锌、银的玻璃丝或尼龙丝等金属的介质，或直接由金属丝制成。若将箔条予以投放，这些大量随机分布的金属反射体被雷达电磁波照射后，将产生二次辐射并对雷达造成干扰，在雷达荧光屏上出现与噪声类似的杂乱回波，大量箔条形成更大的雷达有效散射面积，产生强于目标的回波，从而有效遮盖目标。[24]

七是信息冗余。主要是指制造除传输消息时所需最小限度信息外，出现在信息源、编码、信号、信道或系统中的其他信息，又称多余信息。信息论观点认为，如果信道传输中有冗余信息，信道的传输效率就会降低，主要是因为此时信道并不是以最大可能速率来传递信息的，这是冗余信息的消极作用，但同时，冗余信息也可用于对抗噪声，如在通信系统中，常用对整个消息的重复技术来提高信息传输的可靠性，如此就可以在指挥通信网络中，通过增加备用节点等方式，设计一定的冗余量，从而提高整个指挥通信网络的可靠性和抗毁性。实际上，这在工程对抗领域也有所体现，常见的便是用于防护首脑工程、指挥工程、通信枢纽等体系节点的永备或野战工事，目的就是增加体系的鲁棒性，具体来说，就是系统单元及单元关系所需要具备的抗软/硬打击的能力，关键系统单元还需要考虑容灾备份等。

二、对现代交通体系重要设施进行隐蔽伪装和主动防护

这个任务主要包括隐蔽伪装和主动防护等。现代交通体系是包括陆海空立体联运的综合化运输网络，包括办理客货中转、发送、通达的多种运输设施，如包含线路、站场、交通工具、信息等。如果交通运输网络中的重要设施遭到有效破坏，则必然影响我战场机动。尤其是那些关涉路网交通功能整体发挥的节点性设施，对其的破坏将对整个路网的通行能力、承载容量及交通安全造成显著影响，为此，非常有必要且亟须对这些重要设施进行全方位的伪装防护，以有效抗击敌的侦察和打击。以大型桥梁为例，在隐蔽伪装方面，主要是桥梁设计时在桥梁相关部位预设一些连接组件以备快速附加必要的防护伪装装置，便于战时伪装作业。对已建桥梁，战时可采用涂敷伪装涂料、布设变形遮障等伪装措施，使敌机载侦察设备难以发现目标或缩短其发现目标的距离。同时，及时设置假目标和面形干扰遮障，必要时施放烟幕和水幕，以影响和干扰敌武器系统的目标捕获和跟踪。在主动防护方面，可采取告警与

主动式干扰相结合的思路，在大型桥梁附近设置干扰装置，用于诱骗来袭导弹；或在可能攻击大型桥梁的路段上设置较大输出功率的干扰装置，以干扰中段采用GPS制导的远程精确制导武器，使它们难以到达大型桥梁上空区域；或采取设障阻击的方法，在大型桥梁两侧特别是桥墩等重要部位外侧，设置阻、炸型空障，战时还可在桥墩附近适当距离设置数道阻滞隔板，在桥梁关键部位的侧面、顶部，设置钢制防护架，以阻止炸弹侵彻，达到提前引爆炸弹的目的；或在关键部位设置新型遮弹层，如桥墩等位置设置反应式遮弹层，能够自主探测和自主反击，变侵彻爆炸为表面爆炸，为之后的快速抢修创造条件；或借鉴装甲防护技术，研发被动式和主动式防护装甲，用于桥梁关键部位的防护，如俄罗斯的爆炸反应装甲“接触”5、“竞技场”主动防护系统等，战时，这些防护装甲可以挂装在桥墩等关键部位以发挥作用。

三、采取工程措施有效阻滞并消灭机动、增援和退却之敌

这个任务主要包括设障、使用网络化弹药、实施区域封锁等。①设障。实践证明，有效地控制和灵活改变作战节奏是保持战场主动的重要基础。通过设障，能够有效堵塞敌机动通道，降低其行动速率，减少其进攻锐势，同时迫使敌采取清/排障、转化机动样式、改变机动方向、修改作战计划等行动。无论是哪种后续行动，必然会打乱敌预先的作战部署和协同计划，改变其体系运行状态并使其朝有利于己的方向发展。外军研究认为，当敌遇到障碍物后，

如立即迂回，其翼侧就可能会暴露给己方火力；如强行通过，则可能遭受由障碍物或火力或两者共同造成的损失；如开辟通路，则必然会耗费时间，并有可能给己方赢得火力准备时间，使其暴露于己方火力范围内等。无论哪种情况，都能起到牵制敌行动、打乱其意图的作用，并给己方创造寻机歼敌的机会。美军也承认："对付复杂的障碍物，只有运用先进的机器人才能克服，而一旦障碍物被置于火力控制之下，问题就复杂了。美军还没有对付复杂障碍物的有效办法。"常见的如地雷，其对敌体系的"黏滞"效应就非常明显。在海湾战争地面作战中，美军第7军用89小时推进了260千米，平均日推进70千米，但是，这种高速度进攻是通过避开"萨达姆防线"，向西迂回至伊拉克防线侧后实施"左勾拳"行动得以实现的，而担任正面进攻的美军陆战第2师在两个纵深只有几百米的雷场面前，为了开辟通路整整耗费了7个多小时，并损失了多辆挂扫雷犁的坦克。同时，根据作战目的的不同，还可灵活地选择布雷方式，以确保最大化的作战效益，如机动布雷主要用于封闭敌火力突破口，阻滞敌集群坦克、步兵战车的冲击和反冲击，掩护己重要目标或部队翼侧、接合部，巩固已占领地区，限制敌空（机）降兵扩张、分割其战斗队形，断敌退路，阻敌增援，掩护部队撤离作战地区等。此外，为限制敌水面、水下机动，还须考虑在水面设置防登陆水雷、浮游拦障、防鱼雷网等水面障碍物。②使用网络化弹药。网络化弹药系统是一种可以远程控制、地面布设的武器系统，其核心功能是提供致命和非致命的防步兵、坦克能力，可从远处开启/关闭/开启，并可反复多次布设使用。③实施区域封锁。区域封锁即对敌可能通过的陆域或空域，通过杀伤性手段的措置运用，达到毁敌力量、乱敌部署的目的。比如，限制敌机起降是登陆作战中战争初期夺取制空权的关键内容，针对敌军用机场建设现状及机场抢修能力实际，我可专门发展封锁跑道用地雷，有效杀伤敌机场抢修的有生力量，毁伤敌机场抢修机械和起降中的作战飞机，并迟滞敌机场抢修等。在布设时机上，通常利用机动布设；在布雷方式上，宜采用飞机布雷或导弹布雷；在布雷分队上，通常由担负该机场火力打击任务的导弹分队、轰炸机或强击机分队担任。

四、运用立体设障手段对敌低空飞行器进行阻滞和打击

这个任务主要包括“阻”“击”“盲”“扰”“拦”“毁”等。①空飘式障碍“阻”敌。空飘式障碍分非爆炸性障碍物和爆炸性障碍物两类。空飘式非爆炸性障碍物是通过飞艇、系拴气球或在系拴气球上悬挂非爆炸性障碍物，阻滞敌空中机动，干扰敌机临空瞄准轰炸，削弱其命中精度；空飘式爆炸性障碍物是用气球、控制绳索等悬挂炸药包、地雷和磁性雷，毁伤接近或碰触这些障碍物的敌直升机或其他低空飞行器。②地对空爆炸物“击”敌。主要是在敌低空飞行器飞行航线和空域，预先设置对空定向雷、跳雷等抛射式爆炸器材，当敌低空飞行器进入预设起爆区时，适时起爆，攻击敌目标。③烟幕障碍“盲”敌。主要是施放空飘式可控烟幕器材或地对空发射烟幕器材，形成空中烟幕区域，通过在重要目标上空形成大区域、长时间

的烟幕，形成对空迷盲。④阻塞滞空物“扰”敌。主要是临机向空中抛射金属箔条，以干扰敌机载雷达系统，或在空飘气球上直接涂以金属涂层、空飘有源干扰设备，形成对空遮障。⑤空中拦障“拦”敌，主要是以钢索等张设，如第四次中东战争中，埃及就曾在机场附近设置伞系钢缆，撞毁以色列2架对机场低空突防的飞机。⑥反直升机地雷“毁”敌。主要是利用反直升机地雷距离远、障碍宽度大、全方位多维立体攻击的突出特点，连续不断地对敌直升机编队和巡航导弹进行阻滞、分流、毁伤等，以减轻对我目标的威胁，破坏其空地协同行动等，这种攻击手段和方式，表面上看处于被动状态，实则蕴含着极强的主动对抗意图。

五、运用工程技术和手段对敌实施主动性火力“硬打击”

这个任务主要包括布设地雷、破障攻坚、工程破袭等。①布设地雷。地雷除对进攻目标具有较高的毁伤概率外，还具有阻滞、钳制、诱逼、扰乱敌作战部署和战场机动的重要功能。特别是随着地雷本身及布雷方式和手段的快速发展，地雷的功能作用将大大拓展和提升，攻击方式也越发多样灵活，其作战运用将实现“以单纯被动的守势地雷为主，向积极主动的攻势布雷为主”的重大转变。比如，俄军“速度-20”反直升机地雷，能够根据音响判明直升机种类，可在各种气象条件下确定目标方位，当目标进入2000米的范围时，反直升机地雷开始识别目标；当目标进入250米的范围时，地雷就可应声发射，实现了火力打击和火力控制的无缝衔接。该地雷操作简单，运输方便，总重

12 千克，可布设在对方机场跑道附近，限制对方直升机、固定翼飞行器等的活动，如果敌直升机、固定翼飞行器等主要用于执行电子侦察、无线电通信中继等作战勤务任务，那么反直升机地雷还能够起到有效打击敌信息节点、产生信息破袭、破坏敌信息流转的作用。又如，反坦克顶甲武器，有的资料称为智能雷弹，其攻击机理和方式十分特殊，比较典型的有法国 MAZAC 广域地雷、德国 ADW 智能雷弹。其中，法国 MAZAC 广域地雷采用“掠飞攻顶方式”，即子弹药由一个小型火箭发动机推动，以较低的弹道向目标区域上空射出，并围绕弹轴高速旋转。在飞行过程中，子弹药传感器在地面形成与飞行弹道基本垂直的扫描线；战斗部攻击方向与子弹药轴线垂直，并与传感器扫描方向滞后一定的角度。当子弹药掠过目标上方并捕获目标时，战斗部攻击方向旋转至对正目标后起爆攻击。德国 ADW 智能雷弹则采用“侧抛吊篮方式”，即子弹药以一定角度向目标区域上空斜向抛出，在弹道最高点打开一个减速导旋伞。在减速导旋伞作用下，子弹药一边缓慢下降，一边扫描搜索目标，在地面形成一个由大到小的阿基米德螺旋线。目标进入扫描区域并被传感器捕获后，子弹药起爆实施攻击。②破障攻坚。破障是指在障碍区中破坏和清除各种障碍物，通过破除敌布设在近岸水域、水际滩头、阵地前沿前或纵深内的各类障碍物，保障部队机动，以达到战斗企图。其中，爆破型扫雷破障就是利用炸药的爆炸冲击波和爆炸产物，将通路内的爆炸性和坚固性障碍物诱爆、抛掷或破碎的方法和手段，目前的主要形式是火箭爆破器和火箭扫雷弹两类。显然，这种爆破扫雷技术除破障本身所具有的工程障碍对抗功能外，还具有非常显著的杀伤、震慑等破坏效果。比如，破障弹近炸能够产生巨大的爆炸威力，在此弹种的基础上，去除火箭发动机，在弹体上加装降落伞，使其实现从飞机或直升机上空投并保持引信向下的态势；改装触发近炸引信，使弹体离地60厘米爆炸；能实现多发捆绑空投，成倍增强破坏力、杀伤力。实现破障弹的空中投掷，不仅能有效地弥补现有火箭破障车射程近、射击精度不高的问题，而且能够歼灭坚固工事内的有生力量，为破障部（分）队提供有效掩护，从而实施中、远程破障及打击行动，不仅可供陆军航空兵使用，也可供空军轰炸机使用。③工程破袭。即运用工程技术和手段破坏和瘫痪敌重要目标而实施的袭击。需要注意3个方面的问题，第一是工程技术和手段，这是前提；第二是破坏和瘫痪，这是所要达到的作战效果，否则所谓的破袭就没有任何意义；第三是重要目标，这是核心。包括：为阻敌地面快速机动，以秘密渗透的方式，通过爆破手段将作战区域内的大型桥梁破坏；通过潜水渗透等方式，破坏敌水下（海底）运油（通信线路）设施，以定向爆破手段破袭敌机场、码头、车站及城防设施等；积极配合各军种特战分队实施清剿作战，爆破排除建筑防护设施、地下防护门，爆破摧毁山林中的隐蔽洞穴等。

六、对己指挥与作战工程进行伪装防护以抗击敌软硬一体复合打击

这个任务主要包括抗击敌精确火力的“硬”摧毁、抗击敌信息攻击的“软”杀伤等。作战工程（指挥工

程、防御阵地工程、军港工程、机场工程、导弹阵地工程等）是作战体系的重要物质依托，为使其免受或减轻常规武器、核生化武器和信息武器的复合杀伤破坏，必须采取严密周全的伪装防护措施和行动。传统的建立在“深度”和“抗力”之上的防护理念，主要针对核武器的大当量爆炸破坏进行防护；建立在“坚固、疏散、机动和重复设置”之上的防护理念，主要针对精确制导武器进行防护，这两个阶段本质上都还没有脱离热核时代的基本防护原则。为有效应对和满足未来作战的特点要求，须立足于具备抗结构“硬”毁伤和抗设备及人员“软”杀伤的双重抗力，对己指挥与作战工程进行严密综合的伪装防护。①抗击敌精确火力的“硬”摧毁。针对敌立体全维度侦察、远程打击精确深侵彻破坏等特点，从抗侵彻和抗震塌两个层面，采取增加遮弹层、新型高强度装甲钢防弹板、三角形中空梁板、混凝土栅板、反应式遮弹技术、主动遮弹技术等措施，利用增加坑道防护层厚度、贴衬钢板、粘贴碳纤维布、锚固三维波纹钢板、设置保护墙等手段，有效抗击敌精确火力的硬摧毁。尤其是多个国家针对作战需求和目标特点，仍在积极开发研制新型战斗部，拓展现有弹药打击目标的范围和侵彻程度。如为打击深埋地下的目标，美国提出了分段式钻地弹设计方案，该钻地弹配装有多个聚能装药战斗部，并以串联方式排列；或是配装多个独立的战斗部，在某个方向上连续冲击岩石或混凝土，以爆炸方式开孔。通过多个聚能装药战斗部以一定时间间隔在某个方向上钻孔，无论面对何种目标，新型钻地弹均能实现优于现有钻地弹的侵彻深度。[25]因此，绝不能忽视我指挥与作战工程在抗敌“硬”摧毁方面的建设，持续提高工程抗力等级，以有效对抗敌针对性的能量破坏、物理损毁。②抗击敌信息攻击的“软”杀伤。可以预见，未来在对指挥与作战工程的安全威胁中，电磁脉冲武器的破坏效果越发凸显。电磁脉冲武器可分为非核电磁脉冲武器和高功率微波武器，均能够对工程内部的指挥信息系统产生暂时性或永久性损坏，高功率微波武器甚至能够使参战人员受辐射后，产生神经混乱、行为失调甚至器官衰竭而死亡的情况。即便是深埋地下的指挥工程，电磁脉冲也能够直接穿透坑道防护层（电磁脉冲对介质的穿透能力与其频率有关，频率越低衰减越慢，穿透力也就越强，几十米的坑道防护，最多能使电磁脉冲衰减两个量级），仍然有可能造成有效杀伤，尤其要考虑到电磁脉冲攻击会从工事的口部耦合，电线、电缆的传导耦合，金属管道与金属塔架的结构耦合等方面强化致伤效果。可采取以下几个方面的防护措施：一是搞好工程屏蔽；二是改进口部设计方式，如可采用穿廊式设计，由于电磁脉冲的波长与孔缝周长近似相等时，耦合最强，对于无穿廊式或没有拐弯的直通式工事口部，电磁脉冲耦合的情况尤为严重，这种情况在工事设计建造时要尽量避免；三是加强供电和管道防护，切断引入电磁脉冲的通路，可考虑采用非金属管材；四是安装接地装置，将耦合电流最大限度地转入地下；五是限幅降压，遭受电磁脉冲打击时，电力和通信线路上会感应出设备正常运行所不容许的高电压，所以电气和通信线路都必须配套限压措施。

七、在作战各阶段及时排除敌各类爆炸装置

这个任务主要包括探/扫雷、排除简易爆炸装置等。①探/扫雷。包括爆破扫雷、机械扫雷、电磁扫雷和机器人扫雷等扫雷技术和手段，以及相对应的探雷技术和手段，以有效降低敌地雷威胁。如前所述，地雷的运用是典型的工程对抗，是对敌机动和作战威胁影响效果非常显著的工程弹药。反过来，它同样也能将作用施加给己方。须不断创新运用探/扫雷新理念、新技术和新措施，确保在激烈的工程对抗中占据先机、抢得主动。比如，随着扫雷装药结构的改进和装药量的提高，特别是新型炸药（如燃料空气炸药 FAE）在扫雷装药领域的广泛运用，地雷的战场生存遇到了极大困难。FAE 不仅能够增大扫雷有效面积，提高扫雷率，降低开辟通路边缘的残留地雷，而且可以有效对付采用区分坦克荷载和爆炸冲击荷载实现耐爆的耐爆反坦克地雷。②排除简易爆炸装置。简易爆炸装置（improvised explosive device，IED）是对自制雷管、土炸弹、汽车炸弹、人体炸弹等非专业炸弹的统称，其制作简单、取材广泛，用普通炸药、C4 等军用炸药均可制造，通过遥控、定时、触点、人工起爆等方式均可引爆，灵活性强，机动性强，作战效益非常显著。相应地，排除简易爆炸装置在现代作战中的重要性越发凸显、需求越发急迫，对确保己方机动和作战、控制作战态势、维护战区稳定具有重要作用。如在伊拉克战争主要作战行动结束后，美国陆军工程兵迅速转入稳定支援行动，主要“以战斗工程兵作为爆炸物排除代理人，在道路清障或道路勘察期间，通过对未爆弹药进行有限的

识别和处理，从而使爆炸性危险物失效”，以及“在作战区域内对爆炸和碎片危险区实施隔离，也可以协助爆炸物处理人员处理爆炸性危险物”，及时处理了不计其数的简易爆炸装置、未爆弹药等，为尽快恢复当地生产生活秩序提供了重要支持。但另外的一个数据也表明，简易爆炸装置对美军具有严峻安全威胁，伊拉克战争主要军事行动结束后，美军有接近60%的伤亡来自简易爆炸装置袭击。可以说，美军在伊拉克和阿富汗饱受简易爆炸装置之苦。随着工程对抗技术和手段的发展，简易爆炸装置的种类数量、技术特征、运用特点等都有较大的变化。为有效应对这种越发凸显的安全威胁，世界各国军队相继研发或改进应对简易爆炸装置（C－IED）的技术与装备。2010年6月，美军斥资1亿多美元购买了76辆“哈士奇”扫雷车，用于处置路边炸弹和简易爆炸装置，该扫雷车经过升级改造，在阿富汗战场进行了实战试验。

第四章　工程对抗力量

工程对抗力量是指用于遂行工程对抗任务的人力、物力和信息力的综合，是工程作战力量体系的重要组成，是完成工程对抗任务的物质基础和先决条件。随着战争形态的发展、作战样式的演进和军队力量编成的调整，工程对抗力量的组成结构、作用方式、运用方法等都呈现出新的特点样态和发展趋势。

一、工程对抗力量构成

我军工程对抗力量由陆、海、空、火箭军和战略支援部队编成内建制和加强的工程对抗专业力量（工程兵），遂行工程对抗任务的各军兵种相关力量，以及用于完成工程对抗任务的地方相关专业力量组成。其中，各军兵种工程对抗专业力量是遂行工程对抗任务的技术骨干，各军兵种部队相关力量是遂行工程对抗任务的重要力量，地方相关专业力量是遂行工程对抗任务的有效补充。各类工程对抗力量之间协同一致、紧密联系，共同构成遂行工程对抗力量的整体。此次军队调整改革，尤其是对于改革调整幅度较大的陆军部队而言，工程对抗力量的职能任务、功能定位和类别界划，需要根据实际情况具体分析。如果从纯粹的任务角度来区分，以陆军为例，大致有3种情形：一部分专业分队承担的主要是完全意义上的工程对抗任务，比如工程维护、伪装、布雷、扫雷、设障等，直接对抗敌侦察和打击体系；一部分专业分队总体上承担的是工程保障或工程支援任务，但其中渗透融入了大量的对抗成分，如道路、桥梁分队对于交通体系枢纽节点的防护，筑城分队中的抢修抢建力量（平时可担负战区范围内的重要军事建筑施工任务，包括海外军事基地的建设任务，战时可以担负战区范围内机场、码头等的快速抢修抢建任务等）；其他的专业分队，主要还是以传统意义上的工程保障或工程支援任务为主，如舟桥、给水等。需要指出的是，这里的力量构成，主要还是从技术属性、任务性质的角度来区别划类的，基于部队力量编配实际，结合各专业分队功能日益融合的实际，既有可能出现某种类型的专业分队同时担负包括工程对抗任务在内的两种或两种以上工程作战任务的情况，也有可能出现某种类型的工程对抗任务会由两个或两个以上的专业分队来承担的情况。事实上，工程对抗本身就是一个具有跨类别跨层次跨领域特点的作战活动，既有可能相对独立地存在，也常常与工程对抗、工程支援及工程特战交织相融、合体聚力，主要还是看从哪个角度、哪种层面、哪类标准来理解和认识。

（一）各军兵种工程对抗专业力量

工程对抗专业力量主要由工程维护、伪装、防护、布雷、扫雷、设障、爆破等构成。其装备有系列配套的制式工程器材器具，经受专门的技战术训练，是完成工程对抗任务的技术骨干力量。①陆军、战略支援部队工程对抗力量。战略层次，即指工程维护总队（含工程伪装团），主要承担首脑指挥工程维护任务，既包括维护首都地区及周边的军委基本指挥工程，也包括维护战略纵深和后方的指挥工程。战役层次，主要指工程维护团，由工程维护和相关作战支援、勤务保障力量组成；集团军属工程防化旅、工兵旅，主要包括其筑城、伪装、爆破、工程信息分队，以及道路、桥梁分队中负责交通体系枢纽节点防护任务的专业力量。战斗层次，主要指编配在各合成旅、兵种旅的工兵连（排）中的相关专业力量，主要担负旅战斗中指挥所及重要工程的伪装防护，清/设障，对战术重要目标的工程伪装等任务。②海军工程对抗力量。主要由海军舰队所属的筑港工程部队、工兵部队，海军舰队航空兵和海军基地所属的工程部队、工兵部队中的相关专业力量组成。主要承担海军战役指挥所、海军港口工程的伪装防护，设置水雷障碍，参加扫雷破障，参与排除港区障碍物（附加敌作战意图，爆炸性或非爆炸性），对海军港口等重要目标实施战役工程伪装等。③空军工程对抗力量。主要由战区空军所属的空防工程部队、场站场务连、洞库机场的洞库维护连、空降兵军所属的工兵分队中的相关专业力量组成。主要承担空军战役指挥所的伪装防护，设置各种空中障碍物，参与联合扫雷破障，对机场等重要目标实施战役工程伪装、排弹等。④火箭军工程对抗力量。主要由火箭军直属工程兵部队、基地编制内的工程兵部队和导弹旅编制内的工程兵部队相关专业力量组成。主要承担战役指挥所的伪装防护，对导弹阵地等重要目标实施战略战役工程伪装等。

（二）各军兵种其他工程对抗力量

与遂行工程保障、工程支援任务类似，除一些技术复杂的工程对抗任务需要工程兵专业力量进行配合、支援外，各军兵种部队本级行动范围内的工程对抗任务主要靠自身力量完成。因此，其他军兵种工程对抗力量主要承担供本军兵种使用的野战工事的伪装防护，包括各战役军团配置地域、待机地域增构的野战工事，防空兵、战役战术导弹等技术兵器发射阵地的射击、掩蔽、观察工事等；排除和设置简易障碍物；对其配置地域、待机地域、发射阵地以及接近路、进出路实施简易的工程伪装，包括对工事、人员、武器装备等单个目标及其配置地域、待机地域、发射阵地等各种集团目标进行伪装，同时根据作战需要构筑必要的假阵地、假工事和设置假目标等。

（三）地方工程对抗力量

地方工程对抗力量主要指战时根据工程对抗任务需要，国防动员部门动员参战的地方工程专业技术力量，由陆军、海军、空军、火箭军和战略支援部队作战地区驻地国防动员部门动员参战的民兵、人民群众组成。主要承担配属部队参与野战阵地的伪装防护，参加对战役纵深内的交通枢纽、桥梁、渡口等目标的工程伪装，配合部队构筑反坦克、反空（机）降障碍物，以及广泛开展工程破袭、破坏作业等。海军港口码头实施工程对抗的地方专业力量，主要参与对海军军港、机场、阵地、洞库等的伪装防护。空军机场实施工程对抗的地方专业力量，主要参与对机场工程的伪装防护。火箭军导弹阵地实施工程对抗的地方专业力量，主要参与对部队专用工程、特殊工事的伪装防护。人防部门动员的人防工程相关专业力量，主要对城市电厂、水厂等重要经济目标进行伪装防护；战备交通部门动员的交通维护抢修力量，主要参与对战略战役纵深内的交通体系枢纽节点进行伪装防护等。

二、工程对抗力量运用

在信息化联合作战中，遂行工程对抗任务的力量类型多元、涵盖多域，各种力量既有其相对独立性，又具有很强的功能互补性。应着眼联合作战体系对抗的特点规律，结合军队调整改革实际，针对遂行工程对抗任务的实际需求，打破军地、军种、兵种、专业间的分隔界限，灵活使用多种类型的工程对抗力量，形成工程对抗整体合力，以最大化地发挥有限的工程对抗力量资源效益。

（一）确立“联合筹划、全域部署、精确运用、全程使用”的基本指导

联合筹划。即着眼体系对抗特点，由联合作战指挥机构对工程对抗任务进行通盘考虑、整体谋划、一体设计，围绕作战的目的和进程，确立不同区域、阶段和时节的工程对抗重点，对相关力量实施统筹调配。

全域部署。即工程对抗行动涉及战场前方和后方、前沿和纵深、正面和翼侧，范围广、跨度大，应着眼战场全域，结合未来我各战区、区域和地区的战略、战役和战术容量，充分考虑不同方向、方位和行动的具体需求，合理配置工程对抗相关力量。如边境封控作战工程兵设障行动中，我应根据作战需求，既要结合地形道路条件灵活配置设障力量，重点选取那些以静制动、以点制域、以域制面、

以面控线的有利地形及便于机动的位置，也要围绕主要封控方向重点配置设障力量，本着控点制路（川、谷、河）、控域驱敌的原则，择重选取边境一线和主要通道、口岸、桥梁及容易越境的地段作为部署地点，还要围绕封控总体部署梯次配置设障力量，部署点位疏密适度、力量梯度纵深衔接，以提升障碍的阻滞效果，增强阵地的稳定性，从而满足应对多样化的封控对象和实施多样化的封控行动需要。[26]

精确运用。即运用网络化的指挥信息系统，精确掌握工程对抗需求，精细组织对抗行动，精准评估对抗效果，力争将有限的对抗资源效能集中使用到重点目标、运用于重要时节，以最快的速度、最低的风险和最小的代价达成最佳的作战效益。

全程使用。即工程对抗行动贯穿战争准备、战争实施和战争结束全过程，须着眼联合作战各阶段的目标任务、作战要求，科学筹划工程对抗任务，高效使用相关力量，切实发挥工程对抗作用功能。

（二）突出“集中定点用、全程随伴用、捆绑一体用、多向搅扰用”的运用方式

集中定点用。这主要是从力量运用的空间幅域角度来分析的，这里的“集中”，既有物理集中的含义，也有效能集中的意蕴。这里的“定点”，指的是目标所处的地域幅值相对有限、范围较为一定，多为固定的陆地工程建筑、水工建筑等目标，如作战地域内的重要桥梁、渡场、交通枢纽、港口、码头、装卸载站、机场及直升机起降场、指挥所等。总体上看，战略战役层次的“定点”目标

多且分散，攻防战斗层次的“定点”目标相对较少，多集中在向战区开进的道路、进攻发起前的部署内和防御战斗地区内，因而其运用场景和时机可区分为两种情形：一是战略战役层次，为确保首脑工程、指挥中心、通信枢纽、军港、机场、导弹阵地等要害目标，以及战略力量或战役军团实施跨区远程机动所依赖的水、陆、空交通体系节点目标的安全稳定，针对性地筹划实施相应的伪装、防护等工程对抗活动。二是战术层次，在进攻战斗中，通常运用于确保部队开进途中重要交通节点通畅、己方作战部署纵深内的重要目标安全时，如对开进道路上的重要桥梁、渡口、隧道口、隘口等，以及作战部署纵深内的直升机起降场、指挥所等，筹划实施相应的伪装防护等工程对抗活动；在防御战斗中，多运用于为确保前送后运道路上的节点畅通、直升机起降场和指挥所稳定，或限制敌机动和保障己自由机动等，筹划实施相应的伪装防护、障碍物设置等工程对抗。此外，从运用力量来看，为确保战略战役层次指挥工程等安全稳定的定点工程对抗，主要由建制内的工程维护部队负责；为确保战役层次交通体系节点安全通畅的定点工程对抗，多由地方专业力量或地方支援力量负责；为确保战术层次交通节点的安全通畅，作战部署纵深内重要目标的安全稳定的定点工程对抗，针对其敌情顾虑较大的特点实际，主要由建制内的工程对抗专业力量负责。考虑到在体系对抗背景下，需要进行集中定点工程对抗的目标，多为支撑敌我作战体系安全稳定的枢纽点关节点，必然是敌必毁我必保的目标，因而要特别注重综合分析判断可能面临的对抗需求，合理测算区分任务，备足所需装备器材，灵活编组对抗力量，科学制定工程措施，精细确定行动方法，以坚决确保重要目标安全、体系运行稳定。

全程随伴用。这主要是从力量运用的时间跨度角度来分析的，这里的“全程”，指的是部队机动作战、长途开进、迂回穿插、追击、特种作战等流动性较大的作战行动全程。这里的“随伴”，主体是遂行工程对抗任务的专业部（分）队，总体上实施的是保障性质的作战行动，但其中渗透融合了大量、频繁和激烈的具有对抗性质的工程对抗；客体则是主战部（分）队，同时也是所需要保障或支援的对象。这种运用方式主要针对3种场景和时机：作战部队由驻地向集结地区远程机动，可能遭遇到敌侦察，需要进行大型军事目标和行动的伪装，或可能遭遇敌破坏己方交通体系节点和道路，需要进行清/排障；作战部队遂行进攻任务向作战区域开进时，受敌远程精确打击威胁上升，我开进路线上的道路、桥梁等面临随时被敌精确火力破坏的可能，或布设爆炸性障碍物，以延缓迟滞我行动速率，需要进行相应的清/排障、伪装、防护等；攻防战斗时，需随时排除敌设置的各种爆炸或非爆炸性障碍物，或对敌实施快速布设障碍物以限制敌机动布势。从运用力量来看，主要是使用建制内力量和使用加强力量两种情况。考虑到在全域作战背景下，战斗样式转换频繁、战斗昼夜连续实施、任务随机性极强的实际，须根据作战需求：一要预有准备、灵活编组。全面预想可能出现的对抗情形，构想多种应对预案，提高临机反应速度；根据任务情况，按专业编组基本单元，既可同质累加生成更强的专业保障能力，也可异质混编形成综合保障能力。二要迅速反应、指挥果断。坚持靠前指挥，组织力量超越前队迅速到位展开，边组织，边作业，边协调，做到指挥反应快、到位展开作业快和协调控制快，坚决确保战斗意图达成。如防御战斗中的障碍物设置和反机动行动，对山垭口、隘路等地形，可设置反坦克地雷或预先埋设炸药，关键时机爆炸形成堵塞；对岔路口、间隙地等可采取开设防坦克壕、桩条砦、角锥与反坦克地雷相结合，以综合效应迟滞延缓敌机动速度；对桥梁等目标，可预先埋设炸药，相机爆破，阻其利用。

捆绑一体用。这主要是从力量运用的相互关系角度来分析的，这里的“捆绑一体”，即指总体上实施的是支援性质的工程作战行动，但其中渗透融合了大量、频繁和激烈的具有对抗性质的工程对抗，更为重要的是，与全程随伴的运用方式相比，这里工程对抗力量与主战部（分）队之间的彼此联结度更紧、体系协同性更强，强调彼此作战效能的瞬时凝合、实时释放，不能出现明显的时间差、空间差、效能差。如在敌前沿前开辟通路的作战行动中，不但需要我直瞄火力支援，还需要有空中火力支援和远程炮兵火力支援等，我遂行任务的工程对抗力量就必须搞好作战协同。由于处于敌我对抗关系交互的前端前沿，工程对抗完成任务的时效性、艰巨性、风险性及对作战体系的支撑性，都较全程随伴使用要更显著和突出，因而其运用力量主要是本级和上级加强的相关专业力量，组成若干个小型综合、具有一定独立工程支援能力的工程支援群（队），通常编组在作战部队机动队形之中，并紧随部队实施行动，与被支援单位共同集结、一道行动、协同作战。在任务类型上，则主要是工程信息支援，克服机动途中的各型障碍物（附加敌主动性作战意图），敌防御前沿突击破障开辟通路中的排雷、破障，排除路边炸弹和简易爆炸装置，对敌阵地坚固工事实施攻坚爆破，阵地进攻作战的设障，立体设障阻敌低空突击，构筑阵地障碍物，对阵地和重要目标实施工程伪装等。

多向搅扰用。这主要是从力量运用的实际效果角度来分析的，主要是指运用工程措施实施战场欺骗，主要方式有3种：蒙蔽式欺骗，把敌“伸”向目标区的全部或绝大部分信息获取、传输通道切断，或采取严密的工程伪装防护措施，使重要信息泄露减少到最小；迷惑式欺骗，增大战场态势的模糊度，分散敌注意力，使敌难以正确分析决断，或被迫分散力量多头应付；诱导式欺骗，与迷惑式欺骗相反，是通过增大欺骗信息的清晰度，来吸引敌注意，并使之确信并作出己方期望的判断，实施己方预料的行动。主要措施有4种：工程伪装，利用地形、地物、天然、气象等自然条件，或主动式的对抗干扰措施作用于敌侦察系统，隐蔽己方部队的集结、机动等，或利用工程技术手段隐蔽己真实目标，确保不被敌侦察发现；工程佯动，采取假集结、假转移等行动，隐蔽我真实意图，转移分散敌注意力，应有专门指定的工程专业力量以实施工程作业的方式来达到欺骗意图；模拟，设置假阵地、假指挥所、假停车（机）场、假道路、假渡口等，并显示部队在此目标区域的活动征候；电子欺骗，有意识地变换、吸收、反射电磁波，扰乱、迷惑或欺骗敌电子侦察和进攻，当然，这里所使用的主导性技术必须限定在工程技术范畴内。

（三）采取“融合编组、多能编组、耦合编组、模块编组”的作战编组

融合编组。即淡化以往工程作战力量单独编组，过于强调兵种专业独立性的色彩，着眼与主战行动融合同步、协调一致，打破建制、战保捆绑、灵活用兵，做到既能破障，又能设障；既保己通，又阻敌通；既有保障支援功能，又有直接对抗的功能。

多能编组。即围绕控制战场全域的关键部位和重要目标，编成多个轻便、灵活、适用的小型化多功能的工程对抗队（组），以适应动态、实时、精确的工程对抗需求。

耦合编组。即优选兵力单元进行组合，包括侦察单元、指控单元、作业单元、保障单元等，在结构功能上同时达到强耦合效果的最优化战斗编组，实现工程对抗各单元由“固定硬连接”向“实时软链接”转变。

模块编组。即在预先编组的基础上，将相关专业力量组织系统内作战功能相近，且具有独立结构、标准接口或连接要素的单元，按照一定的扩展收缩规则和要求，进行单元集成、功能重组，形成若干嵌入式、标准化的即插即用的作战模块，改变过去大集中的编组形式导致的难以应对战场快速流变的情况，以及时高效地遂行任务。实践证明，相同的要素构成，以不同的组合方式、不同的构成份额进行接合，将生成不同的工程对抗能力。

第五章　工程对抗筹划

作战筹划，是指挥机构在作战准备阶段如何定下决心与组织计划，包括指挥机构的基本工作流程、内容与方法。[26]工程对抗筹划，是指挥员和指挥机关对工程对抗整体全局进行的运筹谋划，是工程作战筹划的重要组成部分。工程对抗筹划，是获取工程对抗信息的直接目的，也是工程对抗计划组织活动和控制协调活动的基本前提，其质量效益如何，很大程度上影响制约着工程作战任务能够圆满顺利完成。

一、工程对抗筹划要求

工程对抗筹划，是着眼于采取工程技术和手段对敌实施工程打击或抗击行动的整体性设计和总体性构想，其需要关注的因素、考虑的条件、预想的情况都比较复杂，特别是某些工程对抗任务，涉及与工程支援、工程保障、工程特战融合实施时，这种筹划涉及的变量就更多、动态性就更强、处理就更难。为此，应始终遵照 3 条要求。

（一）以认清吃透制胜机理为前提

从实践主客体角度来看，工程对抗的实践客体或者说对象，是敌作战体系，而并非某个作战要素或某个作战单元，比如，“隐真示假”、国防工程对抗的主要是敌侦察、打击要素，地雷爆破攻击的主要是敌信息、火力节点，工程佯动施加作用和影响的则是敌指挥机构等。《孙子·虚实篇》中有这样的论述：“人皆知我所以胜之形，而莫知吾所以制胜之形。”[28]意思就是，人们只知道我用来战胜敌人的方法，但不知道我是怎样运用这些方法制敌取胜的。从这个意义上讲，弄清现象背后的道理，搞透道理背后的机理，甚至是机理背后的原理最关键、最核心，也最紧要。作为己方，在进行工程对抗筹划中，首要的就是要把现代作战制胜机理搞清楚弄透彻。综合相关文献对制胜机理的研究，这里借鉴运用单琳锋等《电子对抗制胜机理》（2018）中的观点，即从“物理”“事理”“人理”3 个层次对“机理”进行分析阐释。[28]

一是要认清吃透“物理”。“物理”主要是在自然科学领域“机理”的基本体现，即独立存在于人意识之外物质运动的基本原理，通过客观过程分析，回答“是什么”“为什么”的问题。如地下工程的电磁辐射污染问题，其主要污染源既有自然电磁污染源（如雷电、静电等），又有人为污染源（高功率电磁脉冲武器、通信发射系统、电力设备系统等），其作用机理主要有电场效应、磁场效应、热能效应、射频干扰和“浪涌”效应等，只有真正搞清楚这些作用机理，才能有针对性地对地下工程的电磁环境进行有效管理，将电磁污染的负面影响控制在己方可接受的最小限度。

二是要认清吃透“事理”。“事理”主要是在一些自然科学与社会科学的交叉领域，如运筹学、控制理论、系统工程等领域“机理”的基本体现，即人在改造客观世界的一定事项中蕴含的道理，通过系统分析，回答“怎么做最有效”的问题。这里尤其需要注重的是，搞好3个方面的分析：一是关联结合式分析。就是在进行工程对抗筹划时，要始终注重考虑到与横向相关领域之间的复杂关联，彼此结合起来加以理解认识。比如，在组织筹划工程信息对抗时，就要真正搞清楚信息对抗的制胜机理特别是信息战场态势与其他战场态势紧密关联的鲜明特点。如电磁活动空间分布与作战力量部署、电磁活动变化与作战行动进程、电磁设备运用特点与用频单位、电磁辐射源与其作战平台紧密相关，如此才能有针对性地实施信息诱骗、信息隐匿、信息防护等工程信息对抗。二是整分统合分析。就是在进行工程对抗筹划时，要始终注重关注到上位变化、上位需求、上位态势，上下联动进行思考谋划。比如，机械化战争时代，陆军作战主要表现为在相对固定的空间内，赋予一定的任务“正面”与“纵深”，严格按照规定的时间、空间、方向和目标，步步为营、层层剥皮、顺序释放作战效能的线式作战来达成作战目的。信息化联合作战，参与陆战场作战行动的力量，已经远远超过战术范畴，尤其是战略战役力量大幅参与战术级作战，各种力量之间，无论是战略、战役和战术各层次之间，还是侦察、打击、防护、指挥等作战功能要素之间；无论是军种和兵种，还是作战实体和保障实体之间，都能十分顺畅地进行互联互通、互操作，实现彼此融合、一体联动。特别是在对抗过程中，交战时间、地域、任务具有突出的不确定性，敌我双方将因时而为、因势而动，几乎全是在弹出式、短促式、聚能式地遂行作战任务，并且，围绕着“创造交战环境—信火一体突击—多维战场夺控—效果评估反馈”的作战程式往复进行、迭代展开，这就是现代陆战场作战的典型特点和运行机制。作为体系对抗、陆军作战的有机组成，工程对抗就要立足于体系正面对抗、整体对抗与节点打击、重心破击相结合的方式，既要像“盾牌”一样力顶敌千钧之力，也要像“楔子”一样直插敌体系要害，以达到更好的对抗效果，通过直接参与、即时贡献，深度服务陆战场体系对抗。为此，在进行工程对抗筹划时，需特别注重在如何能够有效“破三网”（信息获取网、信息传输网、指挥控制网）、“抑两优”（信息实时共享优势和远程精确打击优势）、“乱循环”（观察—判断—决策—行动—评估）、“撼基础”（电力能源输送网、关键业务网、互联网、广播电视网等）等方面用足心思、下足功夫。三是时空耦合分析。就是在进行工程对抗筹划时，要始终紧盯时间、空间两个作战要素的深刻变化，把对抗活动的时空环境、时空背景、时空条件真正搞清楚。比如为增强布扫雷作业战术适用的突然性和成功率，应注重从纵向和横向两个空间维度，在与敌非接触的情况下，进行远距离和空中布扫雷作业，这种突然性和成功率的增加，很有可能达到紊乱敌作战体系的显著效果。又如在未来战场对抗中，优势装备之敌必将在全维空间实施多方向、多点位、多轴线立体机动作战，迫使我分兵实施多维、多向、多路抗击。由于相对劣势，我须选择主要防御方向、围绕核心防御目标，采取物理相对分散、效能相对集中的方式实施防御，而在其他防御方向上，则可通过实施设障等工程措施，限敌机动甚至直接打击敌进攻力量，持续消耗敌作战力量，减少敌进攻锐势，破坏敌进攻作战企图。再如，由于陆军以陆战场作为主要的战斗场所，因而对空间要素的重视和依赖要比时间因素在一定程度上更为明显。

三是要认清吃透“人理”。“人理”主要是在社会科学领域“机理”的基本体现，即某个群体（个人）从事对另一个群体（个人）有影响的活动中蕴含的道理，通过心理行为分析，主要回答“怎么做最合适”的问题。比较典型的有如何震慑敌心理、摧毁其意志、欺骗其感知，如何调动己方各作战力量的主观能动等。比如，工程对抗领域中非常典型的反直升机地雷的运用，俄罗斯军队自2013年以来试验的反直升机地雷，以聚能装药为基础形成核心打击能力，可以打击200米高度范围内的直升机或其他飞行器，正因如此，敌直升机驾驶员必须将直升机升高到150米以上，在此高度，直升机很容易受到己方防空系统打击，因而对敌呈现出显著的心理战作用。

（二）以确立遵循三项原则为主线

现代战争的作战筹划往往体现出极强的作战设计特征，是指挥员及指挥机构对作战决心或主要作战方案及行动的框架结构的合理构想过程，应着重运用批判性和创造性思维，对敌我态势、己方意图、战场环境等加以深刻理解，从而对战役和战术行动作出总体构想，进而制定出符合实际的行动策略和方法以破解作战问题。实践中，应重点把握3项原则。

一是用更宽广的视野筹划工程对抗。适应信息化战场对抗空间急剧拓展的特点，突破线式思维、平面思维、直观思维、经验思维等传统思维方式，善于将工程对抗置于工程作战的视角、陆军作战的维度、联合作战的高度、体系作战的全局，与其他对抗形式和活动进行通盘衡量、整体谋划、分类设计。比如，工程信息对抗是战场信息对抗的有机组成，但这更多的是从兵种职能、专业属性上来进行衡量的，工程兵部（分）队具备了组织实施信息对抗的条件和可能，但有些具体的对抗形式和内容，比如，采用地雷、爆破等技术手段对敌信息枢纽和节点实施火力“硬”打击，在作战准备和实施过程中，未必一定需要工程兵专业部（分）队完成，可指派如特种作战力量对敌信息系统关键目标和要害部位进行打击破坏。这就需要军委联指、战区联指、任务部队指挥机构，根据信息作战战场态势、任务类型、实际需求等多因素，对工程兵部（分）队实施战场信息对抗的必要性和可行性进行综合分析，以科学调配、统筹使用相关力量。同时，各工程兵专业部（分）队要充分考虑体系对抗各作战力量相互融合、一体联动的特点规律，在任务区分、手段运用、指挥关系、行动协同等方面，与信息作战专业力量搞好协调衔接。

二是用更精准的尺度筹划工程对抗。积极适应信息化战场对抗行动高度交叠的特点，打破传统粗线条、概略式的组织筹划方式手段，运用系统思维和工程化的科学方法，建立起集约精确的作战筹划指导。作战尺度要精确到米、秒，特殊领域要精确到毫米、毫秒，甚至更精准的程度。比如，反直升机地雷是利用战斗部产生的破片或弹丸来杀伤和摧毁各种直升机，是低空近程防空武器系统的重要组成部分。由于直升机飞行速度高，飞行高度低，运动角速度和角加速度较大，反直升机地雷攻击点的选取对其目标命中概率及随动系统要求影响较大。因此，有必要对反直升机地雷最佳攻击点进行深入研究，以提高反直升机地雷的命中概率，这就需要在反直升机地雷的设计、研制、试验、定型等过程中，充分考虑到最佳攻击点这个因素，通过综合评估距离和角速度、角加速度的影响，合理确定最佳攻击点，以提高反直升机地雷的作战效能。

三是用更高效的流程筹划工程对抗。所谓流程更高效，主要是指信息流转实时共享。重点在“实时”，即通过节点捕获、联网获取的方式，不间断地收集工程对抗所需的战场信息，同时采取多源融合、聚合分解的方式，从大量、不完全、有噪声、模糊、随机的战场数据中，提取隐含在其中的潜在有用信息，在此基础上，“裁剪”出适合工程对抗需要的“专用”态势图，为工程对抗组织筹划提供基本信息平台；关键在“共享”，即通过按需定制、动态查询、临时申请等方式，变传统的“供主导求”为新型的“以求定供”的信息流转模式，及时获取工程对抗所需的、够用的、高质的情报信息。决策流程平行分布，即充分发挥各级指挥机构的能动性创造性，采取异地分布研判、网上集中协商、模拟仿真推演的方式，生成优选工程对抗的作战方案。计划流程同步并行，贯通各级的工程作战各业务席位（这个席位未必是专有的、专门的，可以用现有的工程保障部/席位来替代），以指挥信息系统为依托，根据工程作战总的决心意图，采取异地同步、并行作业的方式，围绕工程对抗准备和实施进行协同标绘、计划制订、指示拟制、组织协同等工作。控制流程动态自适，着眼达成预定的工程对抗目标，依托实时更新的工程作战态势图，实施指令下达、跟踪反馈、态势分析、纠偏调控等活动。除指挥机构对工程对抗体系所实施的主动性调控外，工程对抗还包含了大量的自适应调控行为，可根据外部环境态势、敌对抗方式手段的变化等，灵活自主地调整对抗状态，以此持续保持高位的对抗强度和显著的对抗效果，典型的有自愈雷场、可控型自适应伪装等。

（三）以建强用好信息系统为保证

这里的信息系统指的是以计算机网络为核心，具有指挥控制、侦察情报、预警探测、通信联络、安全保密等功能的军事信息系统。工程对抗所依托的指挥信息系统是用于满足工程对抗筹划、协调、控制所需要的指挥信息系统，并非独立于指挥信息系统之外的单独的信息系统，其拥有全流程工程对抗指挥业务所需的各种模型、数据、预案，可完全共享，并按需要和权限调用指挥信息系统的各种数据资源。作为融入、嵌套在工程作战指挥信息系统的子系统，工程对抗所依托的指挥信息系统既具有完整的信息流程和业务功能，同时其各个功能模块又都是工程作战指挥信息系统相关功能模块的子系统、分模块。

从系统功能上看，着眼满足工程对抗指挥需求，系统应能够动态地对通过各种渠道、途径、机制获得的工程对抗情报信息进行实时的储存、过滤、融合；能够实现对基础信息、中间信息、命令信息、反馈信息等的高效管理；能够按照时间、信源、性质、级别、对象等进行信息检索；能够在基础数据支持下，自动生成多个工程对抗方案，且进行模拟推演，供指挥员和指挥机关进行优选；等等。

从建设途径上看，着眼实现纵横化联通、网络化对接，既可通过深度集成业务模块、强化数据支持，把工程兵野战指挥系统、工程兵作战数据库等，在一体化指挥平台这个公用信息系统平台，采取桥接方式进行综合集成，中间件重点解决软硬件接口和数据格式问题，从而在不大幅改造现有各指挥信息系统的基础上，实现各指挥信息系统的互联互通、互操作；也可在数据化指挥信息系统研发建设过程中，充分考虑工程对抗的指挥需求，完善工程作战指挥所用的分系统，使之与数据化指挥信息系统完全同步设计、同步开发、同步建设、同步见效。

从建设重点上看，一要加快健全完善基础通信网络，提升战场态势感知和信息共享能力。二要加快健全完善基础信息平台，主要包括工程作战军事地理信息系统，能够提供多条件查询和统计分析功能，及时推送战场工程信息；全息工程信息（工程态势）分析系统，为各级指挥员和指挥机关分析判断战场工程对抗情况态势，预测战场工程对抗情况发展变化提供便捷好用的工具手段。三要加快健全完善工程兵作战专用软件体系，构建工程对抗决策支持模型库、规则库和知识库，研发工程侦察情报采集和综合处理软件、工程兵作战指挥辅助决策软件、工程作业图像处理软件、设备管理与控制软件、工程兵专用数据库及运维软件等，尤其是工程对抗所用的决策辅助系统，实现集作业量计算、兵力器材测算、对抗效能评估于一体，不断提升工程对抗精确筹划的能力和水平。

从作战运用上看，主要探讨工程兵专业部（分）队，通常来讲，担负工程对抗任务的工程兵专业部（分）队，遂行任务时主要有按建制使用和按作战编组使用两种基本方式。在作战行动展开前，作战环境相对安全、基本任务相对明确，通常按建制使用。在作战行动展开后，通常编组若干工程对抗单元，直接由合成部队指挥机关指挥，通常按编组使用。如战斗工程兵编入合成旅（师、团）、营或兵种旅建制内，直接伴随部队行动，遂行机动设障、排爆清障、伪装防护、工程破袭等重要的工程对抗任务。针对指挥信息系统控制范围广泛、远程通联要求高，经常配属使用、即插即用要求高，任务转换频繁、临机组网要求高的突出特点，与不同的作战运用形式相对应，用于保障工程对抗所用的指挥信息系统，通常采取集中组网和分散组网两种形式进行配置和使用。集中组网，当工程兵专业部（分）队按建制集中使用时，利用建制内所属信息系统，构建上至集团军（作战集群）、下至营（连）的战役战术纵向多级贯通、横向无缝链接的指挥信息系统。分散组网，当工程兵专业部（分）队按作战编组加强给合成部队使用时，采取“随时开设、即插即用”方式，依托建制内所属信息系统装备，营以上编组能以有线、无线、有线无线混合组网3种方式构建野战通信网，可动态接入各旅团（作战群队）指挥网，必要时直接接入集团军（作战集群）指挥网；连级作战编组能以话音、数据方式，接入合成部队指挥网。

二、工程对抗筹划主体

工程对抗指挥是工程作战指挥的重要内容，同时也是工程作战指挥的上位概念，即作战指挥的有机组成，是在作战指挥过程中，依托作战指挥体系，运用统一的指挥信息系统平台，与工程作战指挥以及体系作战指挥的其他内容一并实施、一道推进的组织领导活动。作战指挥的主体是指挥员和指挥机关，同样，工程对抗指挥的主体也是指挥员和指挥机关。筹划是指挥的重要环节，同样，工程对抗筹划主体也是指挥员与指挥机关，这里的指挥机关主要指工程对抗的业务主管部门，平时主要是军委、军种、战区陆军、集团军（师、旅）的相关业务职能部门，战时编成指挥所后，就是基本指挥所指控中心的工程作战（保障）部位（席位），就工程对抗而言，战时对其的筹划，在军委联指、战区联指、任务部队指挥机构这样一个总体的指挥架构体系中，横亘战略、战役、战斗 3 个层次，主要以作战计划、作战控制 2 类要素予以体现，筹划的具体内容则需根据作战层级进行具体分析确立，限于篇幅，这里不再具体探讨。

三、工程对抗筹划内容

作战筹划的主要内容是确定作战企图，听取参谋长提出的决心建议，确定作战方针、定下战役决心。工程对抗筹划的主要内容是向参谋长提出工程对抗建议，为参谋长提出作战决心建议服务。需要指出的是，由于工程对抗既有行动上的相对独立性，也有与工程保障、工程支援、工程特战以及其他作战行动之间的彼此相融性，因此其筹划的内容既包含在工程作战的整体筹划内容之中，也有可能作为其他作战活动的有机组成部分而存在。包括：①应采取的工程对抗措施；②工程对抗力量的任务与运用；③其他军兵种涉及的工程对抗任务、时限、要求等；④地方工程作战力量的工程对抗任务、时限、要求等；⑤工程对抗的力量编组；⑥工程对抗的协同事项，尤其要突出与其他对抗形式、其他军兵种联合行动时的协同事项；⑦工程对抗所需的装备、器材、物资等综合保障。

以上内容中还需突出关注两个方面的内容，一个是合理确定工程对抗措施，即针对某种工程任务情况而采取的工程技术处理办法，既可以按专业（任务）属性，分为伪装工程措施、防护工程措施、设（破）障工程措施等；也可以按典型作战样式，分为联合登岛作战的工程对抗措施、山地进攻作战的工程对抗措施、边境封控作战的工程对抗措施、要地防空作战的工程对抗措施、联合岛礁夺控作战的工程对抗措施等。另一个是工程对抗力量的区分使用，包括作为工程作战技术骨干力量的工程兵专业部（分）队的使用，作战编成内其他军兵种和地方相关专业力量的使用等。其中，指挥员和指挥机关在工程对抗的力量选用上，应立足全局、着眼实效、权衡利弊。如前所述，美军在特殊情况下，会把工兵当作步兵使用，其较早的条令中也明确："工程兵任务之一是在必要时遂行步兵战斗任务"，但同时又规定，"由于考虑到丧失工程保障可能带来的后果……通常只有在十分危急的情况下，才作出把工程兵部队当作步兵使用的决定"。在其2015年《工程兵战斗条令》中指出："合成军队指挥员可以将工兵当作步兵来使用，但是要注意权衡这样做的后果。"比如，在特种作战力量和精确打击力量大力发展的情况下，什么条件下需要派出工程破袭分队对敌重要目标实施工程破袭，什么条件下不需要；城市进攻作战中的爆破攻坚任务，主要是由步兵还是由工程兵来承担；在现有的筑城伪装能力相对有限、作战需求又十分急切的情况下，如何统筹实施传统意义上的信息防护、信息屏障、信息隔断任务，以及融合工程环境、虚造工程景观、制造冗余工程信息以影响干扰敌指挥决策的信息佯动、信息诱骗等任务；等等。这些都需要指挥员和指挥机关深入考量、综合分析、慎重把握。

提出工程对抗建议的依据主要有4个方面：一是作战需求，这是筹划施用工程对抗的直接依据；二是工程对抗情报信息，也可以理解为工程对抗的现状态势；三是上级工程对抗指示，这是上级对工程对抗的基本要求与原则指导；四是本级首长的作战同企图和其他具体指示要求等。

四、工程对抗筹划方法

工程对抗筹划方法主要分为上级集中筹划和上级带动下级联动筹划两种方法，集中筹划强化了对联合战役统一筹划的原则，联动筹划则反映了信息化战争专业化程度高的特点。再往下分解，则主要运用3种基本方法。

（一）历史经验法

历史经验法主要是指在工程对抗筹划中，以平时积累的历史经验为参考，确定工程对抗任务、工程对抗措施、工程对抗力量使用方案等。通过平时的战备训练，工程作战的指挥员对工程兵和其他军兵种的相关力量、工程装备及工程作战能力有着相对全面准确的了解掌握，根据对工程作战任务的估计，可以凭经验大致判断分析基本合理可行的工程对抗任务区分、力量使用、装备技术保障等方案。这种建立在历史经验基础之上的工程对抗筹划一般在工程对抗任务相对简单、力量较为充裕、时间相对宽松时采用，即使存在一些误差错漏，也不致贻误战机。当然，这也是不具备采取其他作战筹划方法条件时的最基本方法。比如烟幕伪装能够造成遮蔽目标的效果，但无论烟幕的颜色如何，它总是一个明显的暴露征候，易引起敌注意，进而可能根据烟幕情况判定目标的具体位置和大致范围。解决这个矛盾的主要方法就是增大烟幕的遮蔽面积，使烟幕的遮蔽面积不小于目标面积的5～10倍。为使敌侦察难以确定目标的具体位置和外形，目标不能位于烟幕遮蔽面积的中央；烟幕遮蔽面积的轮廓不应与目标的轮廓重复；烟幕应遮蔽目标附近的方位物，同时要注意目标和方位物，不仅要遮蔽其平面，而且要遮蔽其高度等，这些均是基于大量的作战训练实践所得出的经验性结论，作战筹划时可直接为指挥员和指挥机关掌握使用。

（二）定量计算法

定量计算主要是指对工程对抗任务确定、力量使用等进行量化计算，根据计算结果合理确定分配工程对抗任务、区分使用工程对抗力量、统筹调配工程对抗资源。比如，根据工程对抗任务量，可以精确测算出完成某项工程对抗任务所需的作业力，再考虑可以利用的时间，就可以计算出所需的兵力，当然，若完成时间有限，则可反向推算出所需的时间。这样，在提出工程对抗力量区分使用方案时，就可以比较准确精细，既能够确保完成任务，又可以保证不浪费作业力，从而发挥工程对抗力量最佳的作战效益。又如，工程对抗中可能遇到的抢修抢建物质预置和运输优化问题，就是非常典型的需要运用定量计算的实例，主要分为分配型、存储型、运输型，其中，分配型主要研究如何分配有限的资源，最大限度地提高物质使用效益，研究方法包括线性规划、动态规划和目标规划；存储型主要研究如何确定所需抢修抢建物资的采购数量、采购时间、存储数量和存储结构，解决方法有库存论、动态规划等；运输型主要研究在一定战场环境和运输条件下，如何使运输量最大、输送费用最少、运输距离最短，解决方法有图与网络理论、线性规划等。需要指出的是，运用定量计算法，前提是要对工程对抗任务有一定准确的预估，同时要有较为准确的工程对抗作业标准。为此，要加快完善工程兵战役战术标准，围绕各战略方向典型作战样式（行动）及对工程作战提出的能力需求，区分工程兵部（分）队类型、层级，加快研究建立各类各级工程兵部（分）队的战备疏散、机动部署、侦察情报、工程作业、全维防护等方面的数据量度指标，使工程对抗作战筹划计有依据、算有依托。

（三）仿真模拟法

仿真模拟法主要是指使用指挥信息系统，利用其仿真模拟或方案推演功能进行模拟推演，在此基础上，提出工程对抗任务确定计算、力量区分使用的最优方案。当然，仿真模拟法的使用须以完善的指挥信息系统为前提，是自动化程度最高、应用效益最佳的方法。以任务规划系统（mission planning system，MPS）为例，作为一种新型网络信息系统，它通过高度整合军事思想，深度分析作战要素，细化规范决策过程，高效协调同步行动，精准评估行动效果，适时重新规划行动，及时提供军事行动的最佳或次优方案，以最大限度地避免作战资源冲突，在最大限度上发挥作战效能。任务规划系统的目标可以覆盖军事系统的所有领域、资源包括军事人员和武器系统，操作重点是指挥和控制。根据级别划分，有战略任务规划系统，战区任务规划系统和战术任务规划系统；根据任务划分，有作战任务规划系统和支援任务规划系统；根据服务划分，有陆军任务规划系统、海军任务规划系统、空军任务规划系统和联合任务规划系统；根据行动应用划分，有命令对象任务规划系统和作战对象任务规划系统；根据配置方法划分，有在线任务规划系统和离线任务规划系统。实践反复表明，任务规划系统能够对正确、快速和高效地进行作战决策，这起到极大的支撑作用，某种意义上说，在现代作战指挥对抗中，若想先人一步、高人一筹，必须在指挥信息系统的建、用、管上用足心思、下足功夫。为此，应按照自上而下和自下而上相结合的方式，深入分析任务规划系统的基本框架、系统功能、运行机制等，准确定位各层级作战决策实际需求，从理论、模型、数据和标准等方面着手，通过统一建设和分层运用，以典型系统的研制运用推动全系统的体系化发展，加速提升我军作战决策能力水平。需要指出的是，在实际作战进程中，工程对抗的作战筹划方法往往互补结合使用，比如，仿真模拟法所依托的指挥信息系统其实就有了定量计算功能，包括对工程作战作业量、作业时间，兵力、器材需求等进行计算，战术级指挥员依托系统能够在较短时间内，完成机动、展开作业等各阶段的战术计算。又如，不管是定量计算还是模拟仿真推演，实际上已经聚合融汇了人的历史经验，一方面，定量计算也好，仿真模拟也罢，最终都是要靠人来定下决心、作出决策，而这个过程本质上就是基于人的历史经验；另一方面，计算方法也好，信息系统也罢，其最终的实物化形态，都是人的历史经验的智力析出结果，这也是模型有优劣之分、算法有高低之分、系统有好差之分的根本原因。

第六章　工程对抗装备技术

工程装备技术是实施工程对抗的物质基础。工程对抗所有要素的发展序列中，响应最为敏锐、需求最为直接、意愿最为强烈、发展最为急迫的是与之相配套的工程对抗装备技术。工程对抗装备技术的发展，既有速率上的考量，也有质量上的指标，还有效益上的要求，应按照新老搭配、梯次更新、迭代发展的原则，切实建强这个重要物质基础，逐步构建完善与遂行工程对抗任务要求相匹配的工程装备技术体系。限于篇幅等原因，这里仅重点探讨工程对抗装备技术发展的原则和要求。

一、工程对抗装备技术发展的主要原则

工程对抗装备技术具有相对独立的开发规律和发展路线，且在大多数情况下，还要与工程保障、工程支援、工程特战装备技术结合使用。从研发建设角度，兼顾编配使用需求，工程对抗装备技术的发展应遵循以下 4 点原则。

（一）坚持体系化

这里的“体系化”主要指两个方面的内容：一是工程

对抗装备技术的发展，要始终站在体系作战的全局角度进行思考谋划。过去我军工程装备技术的发展，更多的是强调兵种内部的体系配套和结构完善，从兵种的角度考虑缺什么、能做什么，而多数情况下是装备搞出来了，再到体系里去找位置，很大程度上造成了目前工程装备型号数量比较多，使用和保障都不方便，很难谈得上机动灵活、精干高效，技术体系也是如此。应尽快转变“体系结构等同于种类结构、体系发展等同于型号发展”的思路观念，不是技术方案越先进、单个指标越高、功能越多就越好，而是要看能不能、怎么能在体系中发挥作用及更好地发挥作用。只有将工程对抗装备技术，在全军装备技术体系框架内找准位置，始终以对作战体系的贡献率为评价标准、科学设计装备功能和技术指标，才能发挥应有的功能作用。以工程装备为例，应将工程装备的研发思路由“功能平台”向“功能模块”转变，通过发展适用多种负载的平台和适用多种平台的负载，打造通用多能装备；借鉴基型加派生的发展思路，通过对现有装备改造、升级，切实把型号数量减下去，特别是对那些功能重复或在信息化联合作战中已经失去位置的品种型号，下决心裁减掉，真正把体系作战能力落到实处。在俄陆军装备体系中，通常是利用坦克、步战车底盘研制各种变型车、保障车辆等。如将T－90坦克底盘作为清障工程车、装甲扫雷车、坦克架桥车等装甲战车家族的通用平台；将BMP－3步兵战车底盘作为自行火炮、迫击炮、自行防空系统、反坦克导弹系统、装甲工程车等的基型平台。多功能、多用途的系列平台能够保持基型车的机动性、越野能力、生存能力和可靠性，形成相互关联、整体配套的装备体系，提高部件的通用化水平。[①]

二是工程对抗装备技术的发展，要善于利用其他军兵种力量优势。不能总是拘泥于固有思路，不能总在自家的地盘打转，要确立联合思维，实现借力增效。比如，陆军远程精确火力打击能力已经延伸至×××千米以外，作战又要求火力与障碍结合，而远程设障能力还难以与之配套，且精度和可靠性难以保证，必须加紧另辟蹊径，可考虑利用炮兵、陆军航空兵等的兵力兵器，大幅延伸打击力臂。实际上，布雷设障装备已经实质性地打破军兵种属性限制，外军在此方面早已有成熟实践，我军各军兵种都在积极发展适合各自任务的布雷设障装备，为此，应加快建立健全装备技术需求论证体系，在陆军装备技术、工程装备技术体系的总体框架下，提出工程对抗装备技术的总体需求，确保需求的优先顺序，强化作战需求对装备技术发展全过程的导引和调控作用。同时，还应重点考虑工程对抗装备的基型化问题。如按基型化的标准要求设计的遥布防坦克地雷或区域封锁弹药，既可利用装填陆军工程兵的火箭布雷弹、火炮的火箭弹或空军的航弹等进行布撒，又可利用地面车辆的抛撒箱、装挂于飞机或直升机的弹射弹箱等进行抛撒，具有非常好的通用性。

（二）注重信息化

这里的信息化主要指 3 方面的内容：一是以“指挥”要素的信息化为核心。即以指挥控制系统为核心的基于网

---

① 张秦洞，张新征．《美俄陆军作战力量组织形态现代化的进程与特征》，载于《中国军事科学》2013 年第 2 期，第 124 页。

络信息体系的工程兵指挥信息网络，应在已经列装部队的工程兵野战指挥系统、陆军集团军电子信息系统综合集成工兵分系统、陆军数字化机步师指挥控制系统工兵分系统等基础上，进一步在体系建设、智能规划、辅助决策等方面，查遗补漏、优化整合。如法军研发的“团级信息系统”（SIR）通过 MELISSA 协议实现与法国陆军旅以上“部队指挥信息系统”（SICF）的互联互通，工程兵指挥员可通过这个系统发布工程侦察信息，传递友军和敌军设置的障碍物方面的信息，传播和共享机动和反机动工程保障信息。二是以“物力”要素的信息化为基础。即装备、材料、技术手段都具有信息化特征功能，能够在机动、作业、故障处理等方面，更加自如地为人所控制操纵。比如，早期地雷都是长效地雷，一经埋设，就会一直处于待发状态，随着国际地雷履约的推进，要求地雷均应具备定时自毁功能，但该功能仅要求地雷在实现预定的时间自毁、自失能，地雷均是以单个的形式、单纯毁伤装置应用于战场，地雷布设后存在其状态不明确、位置不确定、状态不可控等问题。而雷场远程感知与控制技术可广泛应用于我军新型撒布地雷、智能地雷、自愈雷场等信息化雷场的研制，使雷场具备地雷无限注册、无线自主组网、雷场管理和遥控等功能，从而提升布雷系统性能，提高其作战效能，因而具有巨大的军事经济效益。又如，在信息化联合作战背景下，工程对抗行动可能不需要由部队驻地经战备等级转换、线式部署待机，而是直接形成向方向和目标聚焦的分散部署态势。这对工程装备的态势感知、信息共享、作业控制、工矿监测等提出了很高要求。应对担负实施工程对抗任务的主要工程装备实施信息化改造，采取节点嵌入、硬件置换、软件升级等方法，通过对现有装备加装指控模块、通信终端、导航定位和敌我识别装置等方式，实现这些装备与作战指挥控制系统的互联互通，使工程对抗的“末梢”真正入“网”，从而形成一体。再如，研发远距离探障和空中伪装探测系统，能够显著增强工兵专业部（分）队远距离对雷场（爆炸物品）的发现能力和战场伪装空中揭示能力。三是以“编制”要素的信息化为支柱。即工程对抗装备技术的组成结构和整体功能，要能够充分体现信息化联合作战的本质特点，充分反映体系对抗、信息主导、远程作战、节点打击等核心特征，彰显我军灵活自主的作战原则，与敌各种侦察方式手段、各种软硬打击武器、各种兵力类型进行不同形式的对抗。

（三）重视智能化

这里的“智能化”主要指两个方面的内容：一是武器装备的“人化”。即将智能因子持续渗透于作战体系底部深层，推动低成本智能化作战平台集群规模运用成为常态，[29]作战系统实现类脑、聚脑甚至是超脑作战。[33]比如，被俗称为变色龙的变色高分子伪装材料技术，就是通过智能设计和控制光、电致变色高分子材料及其复合材料的微观结构，使目标适时、完全地与周围背景相融合，同时保证目标的最佳机动性以及其他战术要求，因而能够较好地满足信息化联合作战对军事伪装的苛刻要求。又如，智能地雷场由作战人员控制，也可在自主模式下工作，在以下两种情况下不需要人员控制雷场：①当智能地雷场发展到一定程度后，能够完全明白指挥员的作战意图，依靠自身能力自主探测目标、识别区分敌我；②在比较明确的作战区域（必定有且只有敌方目标经过）。但在一般情况下，智能地雷还不能完全脱离人员的控制而单独作战，需要指挥员下达“警戒/安全/战斗/自毁”作战命令。再如，俄军某型反直升机地雷，采用聚能装药，用于摧毁在360千米/小时速度内低空飞行的直升机，该雷采用组合式声响红外传感器，能够发现并在0.6千米内准确识别三角滑翔翼发动机的声响，能在3.2千米内准确识别直升机的声响。声响选择系统可在地面装备发动机声响中区分飞机或直升机发动机的声响。如果分辨出声响为空中目标的声响，在目标接近到距离为1千米时，战斗部朝目标方向转动，并启动红外目标传感器（4~6个传感器），这些传感器就可以准确地判定目标的方向及距离。当目标进入杀伤区域后，地雷引爆，弹丸以2500千米/小时的速度摧毁目标。布设的地雷相互之间可采用信息交换电路系统，当多个地雷发现目标时，两个或是更多的雷同时取消对同一个目标的捕获，仅有一枚最具攻击效能的地雷执行任务，可见该型装备已经具备了初步的“智能”。二是人的“机器化”。主要是指无人作战系统，即具有某种特定功能、用于完成特定军事任务的自动化装备。无人作战系统具有十分突出的作战效能，它无须考虑人员伤亡的代价和人体生理极限，相对于载人作战系统具有更强的机动性能、更长持续工作时间、更好的生存能力和适应恶劣环境的能力。可以预计，随着新型军用动力和能源技术、自助系统、人工智能技术的快速发展和应用，有人系统与无人系统之间的协同作战将从根本上改变战争样式。在工程对抗领域，无人化装备技术的应用空间十分广阔。如城市作战中，对敌设置的障碍进行清障作业，此时己方的火力压制难以奏效，作业时必定会遭受敌直接的火力威胁，无人化工程装备能够有效地将人员与危险地域隔离，在确保作业效果的基础上，最大限度地保证人员安全；探扫雷是所有作战中都可能遇到的作业情况，由于地雷技术发展迅猛、性能不断提升，加之出现许多反探测、反扫除地雷及智能地雷，实施探扫雷作业风险极高。无人化扫雷装备可替代人员，近距离执行探扫雷任务。世界主要国家军队都加紧在无人化作战系统建设方面进行战略布局，抢占技术领域前沿，加快成果落地运用。如俄军排雷工兵机器人“天王星－6”是俄军列装的首款无人战车，其操作控制单元仅包括一个数据通信背包和一台军用笔记本电脑改装的可视化操纵设备，最大遥控距离为1500米，其搭载的先进探测装置，可自主识别航空炸弹、反坦克地雷和其他爆炸物。“天王星－6”采用模块化设计理念，根据作战任务需要可随时更换滚压式扫雷器、打击式扫雷器、推土铲、夹爪等，执行各种扫雷、排爆甚至是灭火任务①。现阶段的地面无人作战平台多为遥控式或半自主操作式。面临复杂的对抗环境，由于通信中断、地理条件限制等，无人作战平台的指挥控制将受到较大影响。可以预见，随着指挥控制向全自主化发展，未来的地面无人作战平台必然面向复杂多变的对抗环境需求，加快研发运用突破性的态势感知、自主规划多平台协同理论和技术，从而将自主化水平提升到相当高的水平程度。

---

① 李抒音，唐艳秋，李新龙.《透过硝烟看俄军装备技术新发展》，载于《解放军报》2018年10月12日第11版。

（四）聚焦对抗性

这里的“对抗性”主要指两方面的内容：一是因敌而变。对抗是所有工程对抗活动的逻辑起点。要紧盯跟谁对抗，在何时何地对抗，采取何种方式对抗，对抗效果如何并怎样加以改进等，以此来确定工程对抗装备技术发展的目标路向。“军事活动的奇特之处在于，作为对象性活动的东西，同时又是一种主体间交往活动。冲突双方都试图将对方降为意向中和事实上的可控对象。”[30]比如，不管伪装技术多么先进，其基本原理仍然是战争中最先使用的方法，即“推测出敌人发现你的方法，然后掩藏令你暴露的所有因素”。在信息化战争背景下，伪装突出地具有一点暴露即失效的整体性、一时暴露即无用的全时性、一次暴露即前功尽弃的不可逆性，从这个角度上讲，只有不被发现的目标，才是安全的目标，特别是与强敌作战，在我防空反导、侦察监视、预警情报能力还存在一定差距的情况下，重要目标的伪装显得至关重要也尤为关键。就是要紧盯敌对抗手段和方式的变化，深刻理解伪装、针对性地搞好伪装。又如，对抗的排他性、暴烈性体现最为显著的爆炸物对抗，时任美国陆军训练和教范司令部的指挥官华莱士指出，与简易爆炸物有关的战术、技术和程序每6个星期到3个月就需改变一次，就是要考虑到恐怖分子想方设法地设计简易爆炸装置用于对付弹药处理小组，制造大型炸弹用于对付类似主战坦克的“标志性车辆”。实践表明，克服地雷爆炸性障碍物任务的复杂性和艰巨性最根本的是取决于敌构筑此类障碍物的能力水平。在远距离布雷系统出现前，雷场一般部署在敌防御前沿或防御的战术纵深位置。随着布雷技术的发展，地雷障碍物可以部署在部队阵地前方、防御前沿及其纵深、部队配置区域（集结地域、出发地域、待机地域等）、行军途中及其他部队的转移过程中，以及在急造军路和公路上等，还可以在重要的军事和后勤目标、指挥所、交通线（包括水路）、后勤技术保障目标、机场及其他固定的军事工业目标周围，对于对抗的另一方来说，不仅会对其造成人员装备的杀伤损毁，直接削弱敌战斗力，而且会迟滞敌战场机动，打乱敌作战节奏，诱导敌改变意图，潜在地制约敌战斗力发挥。此外，“因地而变”也意味着要尽力符合实际作战环境条件要求，比如，自愈雷场所选用的自组织网络，是解决多跳通信问题非常有效的方法，但要充分考虑到战术自组织网络与商用自组织网络的区别，特别是军用网络随时面临的电子对抗（导致高误码率）要求网络具有更强的顽存性（自愈能力）、更好的可扩展性，并且战术自组织网的移动呈现出群组运动的特点，而在节能（机载或车载方式）方面和经济性方面的要求则相对更低。二是抢先求变。就是要紧瞄工程及相关技术的发展前沿，在技术扩展、集成、交叉、融合中寻觅到新的技术方向、创造出新的应用空间，其物化成果往往能够实现出其不意的对抗效果。如热致变色材料、光致变色材料和电致变色材料等可见光自适应隐身智能变色材料的研究，[31]若取得突破性进展，就能够实现动态伪装隐身效果，极有可能在伪装对抗中占得先机。

二、工程对抗装备技术发展的基本要求

工程对抗装备技术发展是一个累积渐进的过程，不能

一蹴而就，而是“当下”与“未来”之间的有机衔接、循序渐进和协调发展，必须坚持体系化设计、工程化推进，实现稳中求进、科学发展。

（一）搞好顶层设计，正确规划工程对抗装备技术发展的目标方向

顶层设计是规划与部署的总体构想，如果顶层设计出现缺位，必然导致出现碎片化建设，势必减少建设效益，迟滞发展速率。工程对抗装备技术发展是一项系统工程，关涉全局、关联众多，既在横向上与工程作战装备技术发展融为一体，又在纵向上与各军种装备建设有重叠交叉，必须坚持超前谋划、整体统筹，制定科学合理的发展目标图、建设路线图和工作展开图。首先，着力澄清3种模糊认识：一是“军队建设只有一个顶层”。事实上，军队组织体系中的每个节点都有自己对应的顶层，也就是说，各军兵种及其向下的领域、系统都需要有自己的顶层设计，并层层嵌套融汇成整个军队建设发展的顶层设计，特别是在网络信息体系成为信息化作战体系基本形态的背景下，各军兵种及向下的领域、系统越发需要从自己的顶层出发来进行整体设计。二是“顶层设计必须自上而下”。实际上，随着军队作战职能专业化分工越发精细，上下级业务区分越发明显，每级的顶层设计很难完全依靠上级来确定，而应当是上下衔接、有机结合、相互促动。三是“各军兵种只需搞好自己的顶层设计”。客观上，联合作战讲求体系对抗，体系对抗必然要求体系建设，因而工程对抗装备技术发展既要实现与工程作战装备技术体系的有效对接，也要建立与其他军兵种装备技术体系的协同联系，特别是工程

对抗装备技术具有运用层级广、覆盖面宽、技术通用性强等特点，因而更要强化这种纵横交叉的链接联系。其次，着力做细做实3个方面的工作：一是在全军、军种装备技术体系的总体框架之下，建立健全与工程对抗装备技术建设发展相关的总体规划、专项规划、建设计划体系，构建规划、计划与预算、项目紧密挂钩的管理工作机制。尤其是在工程对抗装备研制立项时，要科学论证其任务功能、战技术指标和编配使用单位，建立效能评价指标体系，确保其与现有工程装备体系、陆军装备体系相匹配、相衔接，以形成最佳编配组合，发挥整体作战效能。二是加强工程对抗装备技术建设重大项目的过程监管和风险控制，持续提高建设资源的合理配置、统筹运用、有序流转水平。三是突出作战需求在工程对抗装备技术发展中牵引导向作用。工程对抗能否真正起到服务体系对抗的作用价值，关键就在于能否搞清未来战场体系对抗的制胜机理并准确提出作战需求。如美国海军陆战队研发用于探测和清除浅水区和近海岸雷场的历程就是一个典型例子，实践表明，两栖作战最关键的问题是发现和摧毁至少12.2米深的浅水水雷，这个所谓的“拍岸浪区”是被认为进行探雷和清除最困难的区域，如不能清除将是“机动部队最致命的弱点”。但由于极为特殊的作业环境和条件、极为严酷和暴露的敌火威胁，以及敌所采取的灵活对抗措施，这个领域的研究一直比较迟缓和艰难。美军历时十余年，耗费巨资的分布式炸药技术和浅水攻击破障系统两个项目，均由于在项目要求和用户需求之间存在脱节，导致产品在没有足够的用户需求信息的前提下设计、试验和生产，最终都以失败告终。

为此，要进一步加强作战训练、教学科研、装备研制、技术研发和管理保障部门之间的沟通协作，确立“军事任务—能力需求—建设指标”的严密推导过程，完善新体制下工程对抗装备技术“作战需求—建设需求—资源需求”的逐级迭代转化生成机制，尤其要把部队试验试用成效作为衡量评判工程对抗装备技术成果的关键指标，看成果推动工程对抗能力是否转化、水平提高多少，不断提高战、建、研的匹配率和吻合度。

（二）强化创新驱动，激发工程对抗装备技术发展的持久活力

锐意进取、开拓创新一直是我军工程兵特有的精神禀赋和价值基因。新中国成立之初，我国国防科技力量还十分薄弱，我工兵部队的主要技术装备多源自缴获，不仅品种繁多、型号杂乱，而且性能落后、备件奇缺。此后，我工程兵广大工程技术人员发扬“有条件要上，没有条件也要上”的攻坚精神，积极推进装备研制和技术革新，原来以铁钎、十字镐为主要装备的工程兵部队迅速“旧貌换新颜”，不仅在陆军兵种中名列前茅，部分领域的建设发展甚至走在了世界同类兵种的前列，极大地推动了工程兵部队的战斗力建设，确保圆满出色地完成各种作战训练任务。但也应清醒地看到，较之于我军陆军其他兵种尤其是主战兵种，近年来工程兵现代化建设总体上相对滞后，个中原因是多方面的，但创新意识钝化、创新能力不足是关键症结之一。工程对抗装备技术发展要想实现与工程作战装备技术、军种装备技术发展齐头并进甚至个别领域超前领先，必须把创新驱动作为强力引擎。应主要做好 3 个方面的工

作：第一，确立问题导向是基本前提。工程对抗装备技术发展处于新的历史起点，具备新的历史特征，这里的“新”很大程度就反映在所要面对的严峻挑战上，体现在所要解决的实际问题上。越是有问题的地方，就越有创新空间；越是解决难度大的问题，创新就越有价值。工程对抗装备技术发展所面临的矛盾问题既有思维观念方面的，也有政策体制方面的，还有具体研发方面的，躲不开、绕不过，唯有创新是必由之路、治本之策。如果没有鲜明的问题导向，不能有效解决前进中的实践难题，就无法打开新的发展局面和进步空间，发展也就难以接续推进。要深入细致地梳理问题，真正跳出兵种视野局限，站在联合作战的全局、体系对抗的高度，深查细照工程对抗装备技术发展中存在的薄弱环节和突出矛盾，切实找准“痛点”、把准“穴位”，使发展有方向、创新有抓手；要坚持具体问题具体分析，弄清楚哪些问题是体制机制弊端造成的，哪些问题是工作责任不落实造成的，哪些问题是条件不具备一时难以解决造成的，责任归口、挂账拉单，进行各个击破、实现系统破解，使问题起底清零的过程真正变为工程对抗装备技术发展不断深化的过程。第二，硬化打仗指向是核心关键。战斗力标准是硬性指标、刚性尺度，不容变通、不能虚化，特别是战场对抗的暴烈性、排他性决定了任何偏离战斗力这个“靶心”的创新，都必然是无本之木、徒劳无功。无论何种形式和内容的创新，都要坚持向战聚焦、为战服务，实现理论创新聚焦备战，攻关革新突出主业，科研课题对接战场，如此，工程对抗装备技术的发展才能真正路向明、步子稳、效益高。第三，集聚创新人才是基础保证。工程兵所拥有的知识智力资源丰富且优质，既有兵种院校长期积淀的特色优势，也有多家专职科研机构经年累月的创新创造，还有地方工矿企业雄厚过硬的技术实力，更有国家经济社会近年来大踏步发展迈进的雄厚支撑，这些都是工程对抗装备技术发展向纵深挺近的优势外部条件资源，理应统好、用好。要加快配套完善政策机制，坚持多渠道延揽人才、立体化培育人才、全方位评价人才，真正通过打造人才高地来抢占装备技术创新发展的制高点，依靠激发人才活力来催生创新持久力，为工程对抗装备技术发展贡献不竭力量。

（三）坚持军地协作，提升工程兵对抗装备技术发展的质量效益

就军地协作而言，工程兵具有其他兵种难以比拟的优势。从任务属性来看，工程兵任务涵盖面广，战时要应战、平时能应急；从技术属性来看，工程技术涉及领域广、军民通用特点突出，可借鉴地方的内容多、加强协作的形式活，特别是在某些工程装备技术前沿领域，相关地方行业、院校、科研单位、企业可以说是“藏龙卧虎”，军地合作潜力巨大。就工程对抗装备技术来说，复合材料、隐身、防护、爆破毁伤、爆炸物排除、无线通信、智能化等装备技术的发展，地方实际上已经走在了军队前面。事实上，许多国家工程装备技术均是采取军民一体的发展思路，部分军事色彩浓的技术进行单独或协作开发，其他军地通用性强的部件则直接从民间购买或利用民用技术研发。为此，我军工程兵的相关科研机构、装备承研承制单位，应进一步拓宽视野、开放胸襟，不能再习惯关起门来搞研究、什

么技术都要自己从头做，否则就很可能被一些别人早已突破的技术难点“卡脖子”，甚至降低装备技术发展的起点层次，拉长研发周期、增加经费投入，最终影响到技术成熟度。军事部门要坚持宏观地把握作战需求，装备研制单位细化量化需求清单，地方行业既参与竞争也联合攻关。通过充分调动社会资源为我所用，在竞争与合作中发挥各自优势，实现资源共享、智力共用、互利共赢。为此，要努力实现“三个融合”：一是政策法规融合，加紧制定完善相关法规制度，规范国防科研、军工生产、军品采购等实施流程和操作办法，为整合利用民间工程技术力量与资源、助推工程对抗装备技术发展提供有力的制度机制保证；二是重大项目融合，将工程对抗装备技术重大建设项目与地方同类或相关重大建设项目进行有效对接，能利用民用资源的就不自己“铺摊子”，能纳入国家经济科技发展体系的就不“另起炉灶”；三是资源共享融合，切实搞好地方工程技术资源调查，打开直接采用成熟民用工程技术的通路，力求实现建设成果的快速转化和高效运用。

第七章　工程对抗趋势展望

工程对抗是全新的核心作战概念，以其为起点建构配套的理论体系，发展适宜的对抗装备，编配相应的作战力量，创新具体的行动战法，等等，都需要跟踪前沿动态，持续加以研究，不断探索深化。因此，深入探究工程对抗的发展趋势，既是时代赋予的重大研究任务，也是积极应对未来挑战的紧迫需要。主要体现在 3 个方面。

（一）工程对抗理论和技术持续创新发展，工程对抗体系日趋完善

工程对抗理论的创新发展，主要体现在两个维度：一是工程对抗的上位理论。上位理论对发展工程对抗具有规约性，主要包括敌我双方的联合（合同）作战理论。一方面，这些上位理论描述了工程对抗的目标对象，其装备如何运用、兵力如何行动、战法如何施用等问题，如美军的内聚式联合作战、基于效果作战、全频谱作战、全球一体化作战、分布式杀伤等作战理论，印军的“冷启动”理论等，不了解不知晓这些，工程对抗理论的发展就缺乏目的性和针对性。另一方面，这些上位理论规定了工程对抗的实施主体，在哪个理论和实践框架下筹划实施具体对抗行

动的问题。比如，我战役指挥员在筹划战役伪装时，其基本着眼点当然首先服务于联合战役理论的总体要求。又如，在边境反击作战工程兵作战行动中，通过设障对敌实施重点攻歼，要特别注意时机、目标、方式、效果的选择把握，其方案筹划、行动组织必须满足于边境反击作战理论的总体要求。在上位理论中，又要着力实现两个搞清楚：搞清楚现代战争的基本形态、主要样式、制胜因素、要素和条件；搞清楚打赢战争、制胜陆域的方式、途径，尤其是信息力、火力、机动力、指挥力、保障力在体系对抗中的复杂运动、交互协同的关系与机制。据此，工程对抗的作战指导、作战方式、指挥方式、保障方式等的改进创新才能有正确路向、有原则遵循。比如地雷的使用，如果想让其在未来战场上继续焕发生机活力，就必须主动将其置于联合作战、体系对抗的背景下，特别是针对强敌频繁使用空中突击力量的实际，进一步拓展地雷的作战对象，使之具有对低空飞行和机场飞机等目标的障碍、封锁和攻击能力；针对强敌善于战场全域大范围机动作战的实际，进一步拓展地雷的应用空间，从阻滞战场敌人机动、边境防御，延伸到敌人机场、导弹阵地、后方集结地、通信枢纽等战略要地，采用远程布撒或特种部队渗透嵌入布设的方式，达到在敌纵深范围内阻敌机动、乱敌部署、破敌体系的目的；针对强敌高度依赖信息系统的实际，进一步拓展地雷的类型，利用地雷具有的伺机攻击的特点，在敌人电子设备集中的通信枢纽、指挥中心、雷达阵地等区域布设电磁脉冲地雷、电子干扰地雷，很有可能达到比直接攻击更好的作战效果；针对己方战场态势感知任务繁重的特点，进一步拓展地雷的战场任务，除具备主动攻击能力外，还兼顾战场态势感知功能任务，如加装扩展 MEMS（微型电机系统）等更多种类的传感器，将这些目标探测技术与雷声通信技术结合，就能实现地雷技术向战场态势感知领域发展的飞跃。

二是工程对抗的本级理论。工程对抗的类型多样、内容丰富，既可以指涉一个功能边界相对清晰、任务性质相对独立的作战行动，也可以作为一类活动渗透融合于一个完整意义上的作战行动之中。就这一点来说，工程对抗与工程保障有区别，与工程支援也不同，与工程特战也相异。因此，创新发展工程对抗的本级理论，既包括着眼提高对抗能力、增强对抗效果、达成对抗目的，直接或间接地为体系对抗服务，聚焦研究某类工程对抗的任务筹划、战斗部署、兵力编组、作战行动和基本战法等。同时，也包括将工程对抗融入某类工程作战行动之中“封装”成一个整体来进行研究，聚焦分析在大的行动框架之下，工程对抗的兵力如何编、装备如何用、战法怎么定、过程怎么控等，从而与工程保障、工程支援及工程特战成为一体、耦合联动。以某火箭布雷系统为例，就大体系而言，是以战役军团首长意图为依据，结合进攻或防御作战需求，制定反机动作战的联合实施方案，确保友邻其他火力单位发扬作战能力而使用的作战方式方法的统称；就小体系而言，是由指挥观察车接收上级具体的作战方案，快速制定布雷方案，侦察预布雷地域环境条件，确立弹药消耗量，向所属布雷车分配任务，观察布雷落雷区域实战效果等一整套作战流程。小系统的作战流程，实际上是一个战术模块，可以单独发挥作用，但若想充分满足作战需求，发挥最大作战效益，就必须将这个模块融入整个陆战作战体系中。通过提高小体系的作战能力（设障能力），以及对整个陆战体系的贡献度。

反观现实，不得不说我们的工程对抗本级理论发展，距离实战要求还有一定差距。比如，战法研究仍然缺乏实质性突破，短于精密的逻辑推演、精细的实证分析、精实的实兵检验，指挥决策基本还是依靠概略化的原则与要求，任务筹划缺少精准分析、计算和评估，战斗原则表述过于程式化，指挥员难以理解、掌握和运用。又如，机械沿袭传统，思维观念僵化，如在工程障碍设置方面，仍以地面的“带、群、场”衡量障碍的强弱效度，对越来越突出的低空（超低空）机动威胁缺乏预见性和判断力；在工事构筑方面，依赖的仍然是工程防护层的厚度，对抗空中侦察和防精确打击及防电磁毁伤的研究不深入；在保机动方面，还没有树立保“枢纽”、保“节点”的观念，依然是遵行传统的“点、线、面”展开的方式；等等。为此，要实现3个方面的加强：一要加强对作战对手的全面研究。这是发展工程对抗作战理论的前提。基于我面临的实际和潜在安全威胁，须尽全力掌握对手的实力底数，重点研究其作战理念、作战理论及作战实践的经验教训，全面掌握对手作战优长和体系软肋，在此基础上，有针对性地研究克敌制胜之策。二要加强重难点行动的对策研究。这是发展工程对抗作战理论的关键。遂行任何作战任务，都会有对作战结局至关重要影响的重点难点行动。比如联合登岛作战中的水际滩头直前破障，是联合登岛作战成功与否的重要关节点，是整个作战进程中最紧张、最激烈、最复杂的行动之一；联合边境地区反击作战中的开辟通路，无论是空地联合反击作战，还是空地联合进攻作战，主要作战旅中的工兵分队都需要担负联合地面作战行动中的开辟通路任务，此外，空中突击部队的工兵分队也极有可能突击到战役纵深，为地面行动开辟通路行动等。无论是在哪种任务背景下，开辟通路都对部队战场机动具有重要影响，并且，整个开辟通路行动都可能处于高强度、高烈度的敌火直接威胁之下。又如联合防空工程伪装、工程示假中，需要对大量的战略、战役重要指挥工程、洞库等目标进行联合伪装，联合构设假防空发射阵地等，对确保这些要害目标的安全稳定具有极为重要的作用。为此，应紧紧围绕这些体系对抗的枢纽点关键点，根据作战实际需求，深化对工程对抗的任务筹划、力量编组、手段运用、行动方法、综合保障等的对策性研究，确保部队在遂行作战和组织训练时有明确具体的实践抓手和主攻方向，以此带动整体作战训练能力水平的提高。三要加强对抗技术理论的精深研究。这是发展工程对抗作战理论的保证。工程对抗靠技术来实现，靠技术来支撑。特别是对抗所特有的过程拉锯、反复易手等特点，更要突出对技术基础理论、技术应用理论的研究，努力谋求技术领域的先发优势。比如，针对敌远程精确打击武器“GPS + 惯导”的制导方式，可通过减少工程口部的暴露区域面积，使 GPS 干扰在发射功率一定的情况下，有效降低精确制导弹的命中概率；但干扰距离达到一定数值后，继续增大干扰功率并不能对干扰效果产生明显影响，因此需要深入地研究最佳的 GPS 干扰机发射功率。此外，考虑到敌还可能采取其他制导方式，因此可对应地采取多GPS干扰机组网、多种干扰结合的方式，提高指挥防护工程的综合防护能力。当然，强调技术研究，并非否定战术价值。但必须指出的是，工程对抗的战术运用必须建筑于技术基础之上，只有技术上不处于绝对劣势，不存在多代次差，战术运用才有广阔空间，也才能发挥其固有的功能价值，通过战技结合来实现耦合增效。

此外，在理论研究的方法、手段和机制上，还要着力体现4个注重，即一要注重加强数理分析。理论研究必须牢牢地建基于精密的定量分析之上，彻底改变过于概略化、原则化、浅层次的理论内容。先举一个战术层面的例子，工程兵战术学创新发展的焦点之一便是“群队编组”替代“老三队”，机械化作战背景下的“老三队”战术理论，是苏联工程兵在第二次世界大战中“打”出来的，如何编、何时用、用在哪、怎么用，指挥员脑中是有数的、部队心底是踏实的，但它的确已经不符合形势发展的要求，亟待创新改进，从这点上来说，用“群队编组”替代“老三队”本身就值得鼓励和推介。但不可否认的是，一直以来，“群队编组”仍停滞于抽象化、概略化、原则化的理论表述层面和阶段，还没有拿出科学、严谨、管用的分析过程和实证依据，没有经过规范运用原则、固化编组方式、形成标准的作战作业程序。再举一个技术层面的例子，智能雷场极强的作战效能和极佳的作战效益已经得到了广泛认同，但殊不知，这样的作战效能和作战效益是要靠极为精密精细的技术设计才能予以保证的，如随机布设的地雷必须通过无线通信技术与附近的其他地雷建立联系，才能进行区域性组网。这时每个地雷就是一个雷节点，各雷节点的精确位置信息是雷场定位跟踪入侵目标的前提和基础。因此，结合雷场网络定位机制，就需要深入研究雷场网络定位的算法。根据算法仿真结果，可以得出“随机布设的雷场必须要有一定的雷节点密度来确保雷节点的组网率，否则就无法形成区域性智能雷场”，而这个结论恰恰能够科学地指导智能地雷的研发设计和作战运用。二要注重作战实验论证。作战实验，即综合运用建模仿真、系统分析、效能分析等技术和方法，在人为控制条件下，根据不同的目的改变相关条件，考察作战进程和结局，探索作战思想，验证未来军队建设方针、体制编制、作战构想、作战方案，演示各种作战新概念、新技术、新装备，从而认识战争规律的研究性活动。[32]作战实验内在地具有“数”“推”“仿”“算”“演”“评”的强大功能，除此之外，作战实验室的联合还能够实现分布异地式的大规模协同攻关。为此，要运用综合集成方法，统筹全军的任务规划、指挥对抗、兵棋推演、作战仿真实验系统建设，推动形成高端协同创新体系格局，常态组织具有重大引领作用的协同攻关，与此同时，将使这些研究资源也可以是训练资源能够为更多部队共享。当然，除作战实验这种侧重于理论设计层面的方式方法外，工程对抗的理论研究还应特别重视效能检验的试验试用环节。客观来讲，在近年来的工程兵军事理论研究中，运用军事运筹、系统分析、建模仿真、模糊评估及实兵检验的方式方法的分量、比例、频率都还比较低，这从根本上导致工程兵军事理论研究深不下去、难以落地。为此，要走实“概念分析—理论推演—作战实验—效能检验—实兵验证”的理论研究路子，使工程对抗理论的创新发展真正能经得起实战检验。三要注重活化理论表述。善于用结构化、形式化的表述方式来呈现作战理论内容。四要注重数据资源极建设，搭建工程兵大数据平台，对体量巨大、类型多样、价值密度低的相关作战数据进行快速高效的处理，提取模式、分析规则、形成知识，为工程对抗兵力编配模式优化分析、工程对抗作战效能评估、工程对抗装备技术的发展规划论证等提供可信依据。

工程技术的创新发展，主要体现在3个方面：一是纵向的深化延续性发展。也就是说，核心的技术概念不发生变化，重点在技术指标、运用策略等方面持续创新。比如，爆破扫雷是扫除地雷等爆炸性障碍物最常用的方式。炸药作为爆破扫雷威力的源泉，为提升对地雷等障碍物的扫雷效果，应首先考虑运用新型大威力高能炸药。传统的扫雷装药主要有TNT、RDX或黑梯炸药等，应积极探索新一代高能炸药在扫雷中的应用，或者对这些当前使用的炸药进行改进，增强其扫雷威力。此外，还可以从结构优化的角度，探索提高扫雷装药威力的方法。许多国家都在试图通过改变装药的布置或结构形式来提升扫雷效果。如德国推出了采用梯形装药的MRL-80扫雷梯，为面式扫雷装药提供了很有价值的思路等，这些项目均采用网状扫雷装药形式。最近，俄罗斯又提出扫雷装药由线式向多线式和面式发展的构想。试验证明，面式扫雷装药确实使扫雷效果得到了较大的提升，必将为爆破扫雷技术发展开辟新的领域和空间。[33]二是横向的交叉融合性发展。也就是说，技术的核心概念同样不发生变化，重点在引入相关技术、集成整合运用等方面持续用力。又如伪装专业力量，也必须具备对敌侦察监视和精确制导的辐射或散射信号进行探测、截获、识别并及时发出告警的能力，这是实施有针对性的隐真、示假及干扰对抗措施的基础前提。再如能否进一步拓宽技术研发思路，引入常规弹药先进引信所采用的微电子、微机电、感知控制等技术，用于改造地爆器材，技术上行得通，现实中也大有必要。三是全向的颠覆解构式发展。也就是说，改变传统的核心技术概念，确立全新的技术概念，应用全新的技术路线，设计全新的技术手段，通过技术的跨代跳跃发展来推动工程对抗能力水平加速提升迈进。比如超宽谱高功率微波是指脉冲前沿（或后沿）在亚纳秒量级、峰值功率大于 100 兆瓦的瞬态电磁脉冲，具有功率高、便于发射和传输的特点，因其频谱范围宽，可以覆盖更多目标系统的响应频率，与目标系统发生耦合的可能性更高，因此其干扰和损伤效能也更大，军事应用前景日益凸显。随着地雷向信息化、智能化的方向发展，这就给高功率微波技术应用于扫雷提供了广阔舞台，经过多年的研究和探索，将高功率微波用于扫雷的多项关键技术已经得到了较好的解决，并完成了型号装备的研制。又如，基于量子原理的隐身技术，英国、以色列等国家军方较早地着手开展量子隐身材料科研攻关并已经取得突破性进展，该材料重量轻且成本低廉，通过弯曲保护对象周围光波来避免产生光波振动，以达到可见光和红外隐身效果，该项技术甚至已经拓展到声波和水面航迹波隐形进行研究，以便应用于潜艇声呐对抗和舰船浪迹消除。可以预见，此类成果如果用于重要目标显著暴露征候的隐真，则将对目标伪装带来革命性影响。

（二）兵种对抗属性逐步确立，相关专业力量建设、实战化训练改革日臻健全完善

如前所述，工程对抗作为一个军事术语被确立下来，不仅是术语体系自身演进发展的内在需要，同时也会对相关兵种的建设发展带来深刻影响和显著变化，尤其是作为实施工程对抗的力量主体——工程兵专业部（分）队而言，这种影响和变化具有非常重要的理论和现实意义。事实上，任何一个军兵种的建设发展过程中，对其角色定位、功能属性、任务区分、专业划分等的认识理解，都是在持续变化、动态发展的。工程兵，以英军工程兵为例，在传统的英军工程兵的定义中，更侧重于将它描述成担负战斗支援任务的专业部队，负责架设桥梁、开辟通路、伴随战斗部队进行战斗工程保障任务，也就是所谓的“战斗工兵”，随着安全形势的发展变化和英军内部的变革调整，这一概念也在逐步发生改变，英军工程兵正在逐渐脱离“战斗工兵”的角色，不仅要努力全面融合进军队行动的方方面面，而且要在各种军事行动的每个阶段为所有部门提供合理、准确、令人满意的工程支援，逐步向“军事工程师”转型。

此次在军队规模结构和力量编成改革中，我陆军工程兵部队的编制结构做了较大幅度的调整，从体制编制上进一步对工程兵部（分）队进行了整合优化，使其结构更合理、身形更轻盈、反应更敏捷、作业更高效、作用更重要，同时，也为深化认识工程兵的兵种属性奠定了扎实的实践基础。虽然迄今为止对工程兵兵种属性还没有明确的或统

一的新提法、新定论，但此次改革调整实际上已经渗透体现了对工程兵兵种属性的新认识、新理解，尤其是工程兵直接参与体系对抗的类型越发多样、比重越发突出，使工程对抗的属性越发显著。可以说，将“工程对抗”作为军事术语予以确立，并作为工程兵兵种属性的核心标签，作为战场体系对抗的有机组分，既有强烈的理论诉求，又有丰厚的现实土壤，更有迫切的实践需求。这种核心概念的确立，必将带动相关专业力量建设、实战化训练改革等方面改进完善。

一是相关专业力量建设。主要体现在两个方面：一要尽快树立正确的发展指导。理解工程对抗概念，必须跳脱出传统的作战工程保障理论体系。工程保障、工程支援、工程对抗及工程特战共同构成的工程作战理论体系，与传统的作战工程保障理论体系，切入视角不同、聚焦视点不同、研究视域不同。其中，作为工程作战极具特色的重要内容，工程对抗的地位作用、功能价值、作用机理、运用时机和方式都有着自身极为鲜明的特点，又不能再把其简单地划归为保障或支援范畴，进行无差别化对待，最直接的理由便是，工程保障和工程支援的着眼点主要在己，工程对抗的着眼点重点在敌，否则构不成对抗关系，达不成对抗效果；并且，很多工程保障和工程支援也是靠许多工程对抗来击敌、抗敌，实现保己机动、保己安全的。当然，这并不是说要在现有的体制编制架构下再去搞两套体系，而是应针对工程对抗专业力量的特点实际，在发展策略上有所侧重、有所差异。又如，敌直升机、低空飞行的无人机等飞行器在未来陆战场作战中将被大量、频繁地使用，是强敌非常倚重的作战力量，而智能地雷、战场智能化监测血糖、智能伪装系统、反直升机地雷等工程对抗，则是对抗这些武器装备的尖兵利器，作战需求必然非常迫切，发展空间必定非常广阔，为此，应在相关的专业力量建设给予更多关注，不断加强扶持。二要牢固确立合理的发展基点。工程对抗的核心属性是对抗性，毛泽东深刻指出："保存自己消灭敌人这个战略的目的，就是战争的本质，就是一切战争行动的根据，从技术行动起，到战略行动止，都是贯彻这个本质的。"[34]又说："战争中的攻守，进退，胜败，都是矛盾着的现象。失去一方，他方就不存在。双方斗争而又联结，组成了战争的整体，推动了战争的发展，解决了战争的问题。"[35]克劳塞维茨对此也阐释为："解除敌人武装或打垮敌人，不论说法如何，必然始终是战争行为的目标。"[36]对抗性竞争的这个特点，内在地要求工程对抗的发展必须首先针对敌武器装备的发展及其作战运用进行相应的发展，而且这种相应的发展必须是预先的、超前的、领先的。随着战争形态的加速演变和作战样式的持续变化，尤其是信息技术的广泛深度运用所带来的变革性影响，要求将相关专业力量的发展基点建筑于发挥工程作战整体效能、发挥体系对抗整体效能上，努力使工程对抗有机地嵌入工程作战、融入体系对抗，如此情况下，重要装备的去留、部队规模的增减这种合理的代价支出就显得十分必要且非常重要了。比如，法国陆军长期以来都是围绕传统的"兵种"概念来建设炮兵、步兵、装甲兵、通信兵、工程兵等不同专业兵种的。法军认为，这种逻辑思路不能与当前的战场情况完全匹配和对应，主张应优先考虑兵种间的互补性和协同性，并将其作为作战力量运用的第一参考条件，使不同兵种力量构成一定的“行动功能”，所谓“行动功能”，是指“为确保陆军部队在新的战场上顺利完成所承担的任务，在相关专业领域协同实施活动而实现的功能”。正是基于以“行动功能”取代“兵种建设”的理念和思路，促使法国陆军以兵种互补性和协同性为基准要求，以行动功能为出发点来编组合成战术群。这种建设理念实际上与当前的模块化建设理念本质是一样的，也理应成为工程对抗的发展理念。为此，要确实把工程对抗置于工程作战、体系对抗纵横两个体系中，既关注直接作用于敌方的对抗效果，更关注间接对己方体系的贡献影响，使工程对抗能够真正发挥功用、产生实效。

二是实战化训练改革。主要体现在4个方面：一是积极参加融入各层级的联合训练。未来联合作战，工程兵参与联合行动的机会越来越多、频率越来越高，地位作用也越来越重。尤其是工程对抗，既有战略级别的联合，也有战役级的联合，还有战术级的联合。要充分利用各层次的联合训练机平台，着重考察战略战役指挥员工程对抗的任务筹划、指挥控制、行动协同等能力，不断提高其高效灵活地运用工程对抗力量的能力水平，并全面深度检验工程对抗的作战效能，持续增强工程对抗与体系对抗的衔接度匹配度。在这一点上，战区联指、军种机关等应负总责，特别是要进一步强化用足用好工程对抗力量的思想观念，在此基础上，统筹制订工程对抗力量运用的方案计划。各层次工程兵作战部队应具体负责，要确实珍惜参加联合训练的契机，突出强化真打实备思想，突出强化全局整体观念，切实把相关方案计划真正落位在对抗末端、体现于对抗实效。在我军作战条令编修、训练法规修订时，需增加相关具体可操作的细则，尤其是工程兵各级指挥机关的联合训练，更需要体现具体的军兵种联合训练的模式、方法、手段和内容。二是努力蹚出本级层面组织实施对抗性训练的新路子。破除“保障兵种无法单独组织实施对抗性训练”的模糊认识和思维禁锢，以“红、红”对抗为专业技术对抗训练的主要形式，采取预先计划、临机导调的方式和互为对手、互为条件的方法，合理设置机动与反机动、设障与破障、侦察与伪装、工事构筑与构件爆破、桥梁架设与工程破袭等课题，积极探索专业部（分）队开展对抗性训练的方法套路，在此基础上，以融入联合（合同）“红、蓝”对抗演习为牵引，逐步发展兵种内部的“红、蓝”专业战术对抗训练。三是夯实实施工程对抗的战技术基础。从技术层面来看，“没有技术就没有工程兵”，这句话永远都不过时，锻造扎实过硬的专业技术基础是为工程对抗夯基垒台的工作，必须摆在突出位置抓紧抓好抓实。从战术层面来看，就是要学习研究根据敌情、地形、环境、时间、空间等要素，灵活掌握、使用兵力、器材和装备，选择对抗方法和手段，具体组织和实施。尤其是在陌生地域、复杂条件下，就要通过大量的基础性训练，在夯实对抗基本技能的基础上，深入探索工程对抗相关专业力量作战运用的新思路新方法，比如，对付不同方式的远程精确打击、电磁脉冲攻击等，工程维护部队新配备的GPS干扰、红外干扰器材，以及主动性的假目标及相应的工程伪装措施，应该在工事周边如何设置，在什么部位设置，在什么时节设置，等等。为此，专业技术训练应注重夯实基础，突出实弹实爆实操实修训练；战术训练应按作战任务设计作战行动，依作战行动设计训练内容，充实联合登岛作战水际滩头直前破障、边境反击作战综合扫雷、通道作战设障等重点内容，实现以课目设置向以任务行动设置内容转变；指挥训练依托一体化指挥平台和工程兵野战指挥系统，营造逼真的指挥对抗环境，突出指挥员和指挥机关谋划决策、指挥信息系统运用等训练。此外，在作战条令制定过程中，还应针对具体的战技术训练进行精细化、标准化的规范，对每个科目都应编制相应的标准化作业程序（SOP）。四是全面引入信息化训练新手段和保障新条件。建立教育训练资源共享网络体系，推进工程兵训练网络化；研发模拟训练系统和兵棋推演系统，实现专业技术和战术训练手段模拟化。

（三）日益融入体系对抗范畴，系统耦合增效更加显著

未来基于网络信息体系的联合作战中，战场、力量、装备、保障等必然将深度汇聚和耦合，形成整体联动的体系优势。工程对抗作为战场对抗的有机部分，作为工程作战的重要组成，必然也要适应这种“融”的趋势要求，向深“融”、向实“融”、向战“融”，主要指两个层面的融入。

一是日益融入工程作战的“小体系”，与工程保障、工程支援、工程特战横向上紧密铰链。从任务来看，工程对抗与工程保障、工程支援、工程特战均有着各自明确的内涵边界；从功能来看，工程对抗与工程保障、工程支援、工程特战功能相异，作用方式和途径也各不相同。比如，

工程对抗重在对抗，敌兵力、火力和信息力致毁致伤的特点机理，是工程对抗确立发生、筹划施用的全部价值引力和基本前提，工程对抗的方向重点、强度级别等主要取决于敌方相关因素和具体情况。但工程保障和工程支援尤其是工程保障，其引发点、关注点和聚焦点更多地在己方，比如交通枢纽抢修维护、宽大江河障碍克服等，要满足保畅通的要求，首要的是全面分析己方的机动需求、装备的战技术指标，以合理确定己方的通行标准和要求；又如在直升机起降场构筑的任务中，考虑的主要还是能够满足各型直升机、无人机等的起降要求。但在实际运用上，工程对抗与工程保障、工程支援及工程特战往往是融合使用，在同一个时空区间，紧紧围绕共同的作战方向和目标，充分发挥各自不同的功能，彼此协作、并行行动、相辅相成、互为增效，合力完成作战任务，没有必要也很难对三者加以严格意义上的区分。可以预想，随着工程作战顶层理论的发展完善，工程对抗与工程保障、工程支援及工程特战均能够找到自身合理的角色和功能定位。

二是日益融入体系对抗的“大体系”，与兵力对抗、火力对抗、信息对抗纵向上深度融合。工程作战是战场体系作战的有机组分，工程对抗是战场体系对抗的重要组成，其根本出发点和落脚点，或者说评判其功能优劣、价值大小的核心指标，就是要看对体系作战、系统对抗的支撑度和贡献率。工程对抗的未来发展，就是要紧盯如何提高这种支撑度和贡献率来下功夫、做文章。首先，逐步改变对工程作战功能属性的基本认识，真正把对抗作为工程作战的重要属性确立下来、凸显出来。这绝不是搞所谓的概念创新而做的无实际意义的工作，而是通过确立这一个全新的作战概念，来重新认识工程技术和手段所天然具有的作战属性、对抗基因，以更加准确深刻地把握其技术本原，更加合理高效地发挥其技术功能，更加全面客观地体现其技术价值。此外，工程对抗对体系对抗的贡献率，存在于体系对抗各个层级等次中。在最高等次、最高烈度的对抗中，工程对抗能够有效杀伤敌有生力量、打击敌体系节点枢纽、夺控陆战场优势空间、确保己方体系安全稳定等，在较低层级较低烈度的慑战中，工程对抗也能够在以塑造态势为目的的警示性威慑、以管控危机为目的的警戒、以遏制战争为目的的惩戒性威慑等行动中发挥积极作用。比如，区域封控警戒是警戒性威慑的重要内容，可以采取以兵力封、火力控和障碍阻相结合的方式，来划定封锁线、隔离区、禁航区和禁飞区，建立隔离和防卫部署，有效控制局势[37]，在这样的行动中，地雷就有着广阔的运用空间。在更低等次、更低烈度的维稳，如排爆、排雷、清障等工程对抗活动中，均能够发挥重要作用。在实践过程中，由于工程对抗的实施力量主体是各军种的工程兵专业部（分）队，传统意义上，工程兵是纯粹的作战保障兵种，主要在战场后方示形存在、主力后面发挥作用，因此有意或无意地淡化、忽略，甚至是漠视工程兵理应发挥的作用功能、理应具备的对抗性质，殊不知这种偏差的、错误的认知往往会带来极大的负面效应。其次，找准工程对抗融入体系对抗大体系的融合基础和起点。工程对抗的术语得以确立，不是说其指涉的活动对象才刚刚存在，而是早已有之，只不过需要找一个军事术语来精准地描述这类极具特色的活动。如前所述，工程作战领域的很多任务和活动事实上已经被明确归类到体系对抗范畴，主要有两种融通形式：一个是工程对抗的某种对抗内容直接划类为兵力对抗、火力对抗和信息对抗的基本内容。比如，火箭爆破器等被外军视为直接的火力攻击方式和手段，是火力对抗体系的有机组成。另一个是工程对抗的某种对抗内容与兵力、火力和信息对抗的部分内容紧密交织、相互补强。比如，工程障碍对抗通常会和火力对抗结合起来灵活使用，通过设置互相支援、形成体系的障碍群，可以有效地迟滞、牵制或诱逼敌军到己方预设的火力发扬地域，从而增强杀伤效果，增加整体对抗效益。为此，需在工程对抗的理论研究和实践探索方面持续用力，把这种已经明确、广泛认同、具有一定理论和实践基础的对抗形式和活动深刻认识好、扎实设计好、灵活运用好，确实使其发挥功能、产生效果、彰显价值，逐步实现由理论融到实践融，由局部融到整体融，由浅表融到深层融，最终完成工程对抗向体系对抗的全面深度融入。

参 考 文 献

［1］傅博韬，叶晓华．工程兵专业技术论［M］．北京：国防工业出版社，2016：2.

［2］夏征农，陈至立．辞海［M］.6版．上海：上海辞书出版社，2010：1226.

［3］夏征农，陈至立．辞海［M］.6版．上海：上海辞书出版社，2010：884.

［4］全军军事术语管理委员会，军事科学院．中国人民解放军军语［M］．北京：军事科学出版社，2011：263.

［5］傅博韬，叶晓华．工程兵专业技术论［M］．北京：国防工业出版社，2016：124.

［6］傅博韬，叶晓华．工程兵专业技术论［M］．北京：国防工业出版社，2016：133.

［7］夏征农，陈至立．辞海［M］.6版．上海：上海辞书出版社，2010：5008.

［8］尖端武器装备编写组．尖端陆军武器［M］．北京：航空工业出版社，2014：154.

［9］理查德·A·波塞尔．电子战与信息战系统［M］．兰竹，译．北京：国防工业出版社，2017：7.

［10］董子峰．信息化战争形态论［M］．北京：解放军出版社，

2004：149.

［11］钱学森．论系统工程［M］．上海：上海交通大学出版社，2007：20.

［12］怀特．战争的果实：军事冲突如何加速科技创新［M］．卢欣渝，译．北京：生活·读书·新知三联书店，2016：69.

［13］刘正才，姬改县．工程兵建设论［M］．北京：国防工业出版社，2016：14.

［14］全军军事术语管理委员会，军事科学院．中国人民解放军军语［M］．北京：军事科学出版社，2011：262.

［15］全军军事术语管理委员会，军事科学院．中国人民解放军军语［M］．北京：军事科学出版社，2011：79.

［16］B. C. 特利季亚科夫．21世纪战争［M］．陈玺，译．北京：军事谊文出版社，2002：78.

［17］亨利·基辛格．核武器与对外政策［M］．北京编译社，译．北京：世界知识出版社，1956：95.

［18］克劳塞维茨．战争论［M］．中国人民解放军军事科学院，译．北京：商务印书馆，1982：23.

［19］马克思，恩格斯．马克思恩格斯选集（第3卷）［M］．中共中央马克思恩格斯列宁斯大林著作编译局，译．北京：人民出版社，1995：777.

［20］马克思，恩格斯．马克思恩格斯选集（第3卷）［M］．中共中央马克思恩格斯列宁斯大林著作编译局，译．北京：人民出版社，1972：210.

［21］马克思，恩格斯．马克思恩格斯选集（第9卷）［M］．中共中央马克思恩格斯列宁斯大林著作编译局，译．北京：人民出版社，2009：179.

［22］周一宇．电子对抗原理与技术［M］．北京：电子工业出版社，2014：188－189.

［23］周一宇．电子对抗原理与技术［M］．北京：电子工业出版社，2014：164.

［24］中国兵器工业集团第二一〇研究所．陆战领域科技发展报告［M］．北京：国防工业出版社，2017：34.

［25］樊灵贤，房永智．工程兵作战行动论［M］．北京：国防工业出版社，2016：167－177.

［26］秦晓周．联合作战辅助决策方法研究［M］．北京：国防大学出版社，2019：377.

［27］吴如嵩．孙子兵法新说［M］．北京：解放军出版社，2008：216.

［28］单琳锋，金家才，张珂．电子对抗制胜机理［M］．北京：国防工业出版社，2018：9.

［29］李立伟，朱连宏．对开展智能化装备体系设计的初步思考［J］．中国军事科学，2018（1）：115－122.

［30］梁必骎．军事哲学［M］．北京：军事科学出版社，1995：256.

［31］李正群．军事高技术理化基础［M］．北京：北京理工大学出版社，2017：243.

［32］曹裕华．作战实验理论与技术［M］．北京：国防工业出版社，2013：4.

［33］傅博韬，叶晓华．工程兵专业技术论［M］．北京：国防工业出版社，2016：142－143.

［34］中共中央文献研究室．中国人民解放军军事科学院．毛泽东军事文集（第2卷）［M］．北京：军事科学出版社、中央文献出版社，1993：311.

［35］毛泽东．毛泽东选集（第1～4卷）［M］．北京：人民出版社，1991：306.

［36］克劳塞维茨．战争论［M］．中国人民解放军军事科学院，

译. 北京：商务印书馆，1982：27.

[37] 王云雷，夏志雄，杜伟. 陆军全域慑战若干问题 [J]. 中国军事科学，2018 (2)：25-26.